PROJETO

Ápis

EDUCAÇÃO INFANTIL

DANTE E NOEMI

MATEMÁTICA

DE ACORDO COM A BNCC

CB136949

LUIZ ROBERTO DANTE

- LIVRE-DOCENTE EM EDUCAÇÃO MATEMÁTICA PELA UNIVERSIDADE ESTADUAL PAULISTA "JÚLIO DE MESQUITA FILHO" (UNESP-SP), *CAMPUS* DE RIO CLARO
- DOUTOR EM PSICOLOGIA DA EDUCAÇÃO: ENSINO DA MATEMÁTICA PELA PONTIFÍCIA UNIVERSIDADE CATÓLICA DE SÃO PAULO (PUC-SP)
- MESTRE EM MATEMÁTICA PELA UNIVERSIDADE DE SÃO PAULO (USP)
- LICENCIADO EM MATEMÁTICA PELA UNESP-SP, RIO CLARO
- PESQUISADOR EM ENSINO E APRENDIZAGEM DA MATEMÁTICA PELA UNESP-SP, RIO CLARO
- EX-PROFESSOR DO ENSINO FUNDAMENTAL E DO ENSINO MÉDIO NA REDE PÚBLICA DE ENSINO
- AUTOR DE LIVROS PARA A EDUCAÇÃO BÁSICA

NOEMI BIANCHINI

- DOUTORA EM SOCIOLOGIA DA EDUCAÇÃO PELO PROGRAMA EDUCAÇÃO, HISTÓRIA, POLÍTICA E SOCIEDADE DA PONTIFÍCIA UNIVERSIDADE CATÓLICA DE SÃO PAULO (PUC-SP)
- MESTRA EM EDUCAÇÃO ESCOLAR PELA UNIVERSIDADE ESTADUAL PAULISTA "JÚLIO DE MESQUITA FILHO" (UNESP-SP), *CAMPUS* DE ARARAQUARA
- PÓS-GRADUADA EM TEORIA E CRÍTICA LITERÁRIA PELA UNESP-SP, ARARAQUARA
- LICENCIADA EM LETRAS E PEDAGOGIA PELA FACULDADE DE FILOSOFIA, CIÊNCIAS E LETRAS DE ARARAS (FFCLA)
- EXPERIÊNCIA COMO SUPERVISORA E COORDENADORA DE CONTEÚDOS PARA CURSOS DE FORMAÇÃO DE PROFESSORES
- EX-PROFESSORA DOS CURSOS DE GRADUAÇÃO E PÓS-GRADUAÇÃO NAS ÁREAS DE CURRÍCULO, LEGISLAÇÃO, GESTÃO E ALFABETIZAÇÃO
- EX-PROFESSORA DO ENSINO FUNDAMENTAL E DO ENSINO MÉDIO NAS REDES PÚBLICA E PARTICULAR DE ENSINO

2

editora ática

editora ática

Presidência: Mario Ghio Júnior
Direção editorial: Lidiane Vivaldini Olo
Gerência editorial: Viviane Carpegiani
Gestão de área: Ronaldo Rocha
Edição: Luana Fernandes de Souza (edit.) e Darlene Fernandes Escribano (assist.)
Planejamento e controle de produção: Flávio Matuguma, Juliana Batista, Felipe Nogueira e Juliana Gonçalves
Revisão: Kátia Scaff Marques (coord.), Brenda T. M. Morais, Claudia Virgilio, Daniela Lima, Malvina Tomáz e Ricardo Miyake
Arte: André Gomes Vitale (ger.), Catherine Saori Ishihara (coord.), Andréa Dellamagna e Kleber de Messas (edição de arte)
Diagramação: R2 Editorial
Iconografia e tratamento de imagem: André Gomes Vitale (ger.), Claudia Bertolazzi e Denise Durand Kremer (coord.), Tempo Composto (pesquisa iconográfica), Fernanda Crevin (tratamento de imagens)
Licenciamento de conteúdos de terceiros: Roberta Bento (ger.), Jenis Oh (coord.), Liliane Rodrigues, Flávia Zambon e Raísa Maris Reina (analistas de licenciamento)
Ilustração: Alberto Stefano
Cartografia: Eric Fuzii (coord.) e Robson Rosendo da Rocha
Design: Erik Taketa (coord.) e Talita Guedes (proj. gráfico e capa)
Projeto gráfico: Estúdio Apis Design
Ilustração de capa: Barlavento Estúdio Criativo

Avenida Paulista, 901, 6º andar – Bela Vista
São Paulo – SP – CEP 01310-200
http://www.somoseducacao.com.br

Dados Internacionais de Catalogação na Publicação (CIP)

Dante, Luiz Roberto
Projeto Ápis : Educação infantil : Matemática : volume 1 ao 3 / Luiz Roberto Dante, Noemi Bianchini. -- 2. ed. -- São Paulo : Ática, 2020.
(Projeto Ápis ; vol. 1 ao 3)

Bibliografia

1. Educação infantil 2. Matemática - Educação infantil I. Título II. Bianchini, Noemi III. Série

20-1428 CDD 372

Angélica Ilacqua - Bibliotecária - CRB-8/7057

2023
Código da obra CL 750424
CAE 721316 (AL) / 721315 (PR)
ISBN 9788508195862 (AL)
ISBN 9788508195879 (PR)
2ª edição
3ª impressão
De acordo com a BNCC.

Impressão e acabamento: Vox Gráfica

Uma publicação SOMOS EDUCAÇÃO

Alberto Stefano/ Arquivo da editora

A **COLEÇÃO ÁPIS EDUCAÇÃO INFANTIL** CHEGA ATÉ VOCÊ TRAZENDO MUITO APRENDIZADO!

COM UMA LINGUAGEM SIMPLES E ATRAENTE, OS CONTEÚDOS ACOMPANHAM SUA EVOLUÇÃO E SEU DESENVOLVIMENTO.

COMPARTILHE, APRENDA E DIVIRTA-SE!

DANTE E NOEMI

CONHEÇA SEU LIVRO

ESTA É A **TURMA DA LIA**, QUE VAI ACOMPANHAR VOCÊ DURANTE O ANO TODO.

MATERIAL DE APOIO

SEMPRE QUE VOCÊ ENCONTRAR ESTE ÍCONE SIGNIFICA QUE **HÁ PEÇAS E FIGURAS A SEREM DESTACADAS** NO FINAL DO LIVRO.

SUGESTÃO DE...

TODA VEZ QUE APARECER O BOXE **SUGESTÃO DE...** VOCÊ VAI ENCONTRAR INDICAÇÕES DE MATERIAIS QUE COMPLEMENTAM OS TEMAS TRABALHADOS NO LIVRO, AMPLIANDO SEU APRENDIZADO!

- ESTAS SÃO AS SEÇÕES DE SEU LIVRO:

UNIDADE 3

PLANTAS, ANIMAIS E MUITO MAIS

VOCÊ JÁ ABRAÇOU O TRONCO DE UMA ÁRVORE? OU JÁ BRINCOU DE CATA-VENTO? VOCÊ COSTUMA BEBER ÁGUA MUITAS VEZES?

75

AS **ABERTURAS DE UNIDADE** INTRODUZEM O TEMA.

HORA DO JOGO E DA BRINCADEIRA

DOMINÓ

REGRAS

1. DESTAQUE AS PEÇAS DA PÁGINA 15.
2. AS PEÇAS DEVEM SER COLOCADAS SOBRE A MESA COM OS PONTOS VIRADOS PARA BAIXO. DEPOIS, ELAS DEVEM SER BEM MISTURADAS.
3. CADA PARTICIPANTE DEVE, NA SUA VEZ, VIRAR DUAS PEÇAS. SE O NÚMERO DE PONTOS FOR O MESMO NAS DUAS PEÇAS, O PARTICIPANTE FICA COM ELAS. SE NÃO FOR, ELE PÕE AS PEÇAS VIRADAS PARA BAIXO NOVAMENTE.
4. VENCE O JOGO QUEM CONSEGUIR JUNTAR MAIS PEÇAS.

MATERIAL DE APOIO

59

NA SEÇÃO **HORA DO JOGO E DA BRINCADEIRA**, VOCÊ RETOMA OS CONCEITOS TRABALHADOS COM ATIVIDADES LÚDICAS E JOGOS QUE TORNAM SEU APRENDIZADO MUITO MAIS DIVERTIDO!

VAMOS CRIAR?

VAMOS MONTAR UM LIVRO DE RECEITAS?

VOCÊ SABE PARA QUE SERVE UMA RECEITA? VOCÊ JÁ FEZ ALGUMA COM UM ADULTO?

PÃOZINHO

INGREDIENTES

3 XÍCARAS (DE CHÁ) DE FARINHA DE TRIGO
1 COLHER (DE SOPA) DE AÇÚCAR
1 COLHER (DE CHÁ) DE SAL
1 COLHER (DE SOPA) DE FERMENTO EM PÓ
3 COLHERES (DE SOPA) DE MANTEIGA
1 OVO
1 XÍCARA (DE CHÁ) DE LEITE
1 GEMA

MODO DE PREPARO

COLOQUE EM UMA TIGELA A FARINHA, O AÇÚCAR, O SAL E O FERMENTO. MISTURE TUDO.

ABRA UM BURACO NO MEIO DA MISTURA. COLOQUE A MANTEIGA, O OVO E O LEITE. MISTURE PRIMEIRO COM UM GARFO E DEPOIS COM AS MÃOS ATÉ FORMAR UMA BOLA.

RETIRE PEQUENOS PEDAÇOS DE MASSA COM UMA COLHER E FAÇA BOLINHAS.

COLOQUE EM UMA FÔRMA UNTADA E ENFARINHADA. PINCELE CADA PÃOZINHO COM A GEMA BATIDA.

DEIXE ESPAÇO ENTRE AS BOLINHAS NA FÔRMA, POIS ELAS CRESCEM. UM ADULTO LEVA AO FORNO E DEIXA ASSAR ATÉ DOURAR.

132

A SEÇÃO **VAMOS CRIAR?** DESAFIA VOCÊ A USAR A IMAGINAÇÃO E A CRIATIVIDADE PARA PENSAR SOLUÇÕES, PRODUZIR E APRENDER MUITO!

SUMÁRIO

UNIDADE 1

UNIDADE 2

SUMÁRIO

UNIDADE 3

UNIDADE 4

Alberto Stefano/ Arquivo da editora

UNIDADE 1

MORAR E CONVIVER

Alberto Stefano/Arquivo da editora

HÁ OBJETOS PARECIDOS COM UMA BOLA NO LUGAR ONDE VOCÊ ESTÁ AGORA?

PESSOAS DA FAMÍLIA DE BRUNO E DA FAMÍLIA DE LIA

VEJA AS PESSOAS QUE MORAM COM BRUNO E AS QUE MORAM COM LIA.

Ilustrações: Alberto Stefano/Arquivo da editora

- CONTORNE COM LÁPIS DE COR **VERDE** A FAMÍLIA QUE TEM MAIS PESSOAS.
- USANDO LÁPIS DE COR **LARANJA**, MARQUE ✕ NA FAMÍLIA QUE TEM MENOS PESSOAS.
- QUANTAS PESSOAS HÁ NA IMAGEM QUE VOCÊ CONTORNOU? ☐
- E NA IMAGEM QUE VOCÊ MARCOU ✕? ☐
- QUANTAS PESSOAS DA SUA FAMÍLIA MORAM COM VOCÊ? ☐

SUGESTÃO DE LIVRO

Reprodução/Grupo Editorial Zit

FAMÍLIA ALEGRIA, DE CRISTINA VILLAÇA. ILUSTRAÇÕES DE CARLA IRUSTA. RIO DE JANEIRO: GRUPO EDITORIAL ZIT, 2011.

PESSOAS DA FAMÍLIA DE ANA

OBSERVE OS PORTA-RETRATOS COM FOTOS DE PESSOAS DA FAMÍLIA DE ANA.

MÃE DE ANA

AVÔ DE ANA

PAI DE ANA

AVÓ DE ANA

Ilustrações: Alberto Stefano/Arquivo da editora

- CONTORNE A FOTO QUE ESTÁ NO PORTA-RETRATOS COM FORMATO **CIRCULAR**.
- MARQUE X NA FOTO QUE ESTÁ NO PORTA-RETRATOS COM FORMATO **QUADRADO**.
- MARQUE O NA FOTO QUE ESTÁ NO PORTA-RETRATOS COM FORMATO **TRIANGULAR**.
- QUE FORMATO TEM O PORTA-RETRATOS QUE SOBROU?

PASSAGEM DO TEMPO

VEJA AS FOTOS DE DIFERENTES MOMENTOS DE VIDA DO TIO DE SOFIA.
O NOME DELE É JOÃO. ELE É IRMÃO DA MÃE DE SOFIA.

Ilustrações: Alberto Stefano/Arquivo da editora

- NUMERE AS CENAS COM **1**, **2**, **3** E **4** PARA INDICAR A ORDEM EM QUE ACONTECERAM.

A PROFISSÃO DO PAI DE CAUÃ

O PAI DE CAUÃ É CARPINTEIRO.

- VOCÊ SABE O QUE FAZ UM CARPINTEIRO?

Alberto Stefano/Arquivo da editora

- PINTE DE **LARANJA** A PORTA ESTREITA.
- PINTE DE **ROXO** A PORTA LARGA.

A RUA EM QUE BRUNO MORA

ESTA É A RUA EM QUE BRUNO MORA.

A CASA DE BRUNO TEM 2 ANDARES E 2 JANELAS VOLTADAS PARA A RUA.

Alberto Stefano/Arquivo da editora

- PINTE A CASA DE BRUNO.
- MARQUE ○ NA CONSTRUÇÃO MAIS ALTA DESSA RUA.
- MARQUE ✕ NA CONSTRUÇÃO MAIS BAIXA DESSA RUA.

CONSTRUINDO UMA CASA

MATERIAL DE APOIO

REGRAS

1. DESTAQUE AS PEÇAS E O MOLDE DE DADO DA **PÁGINA 3**.
2. MONTE O DADO.
3. CADA PARTICIPANTE USA O PRÓPRIO LIVRO E SUAS PEÇAS.
4. NA SUA VEZ, O PARTICIPANTE LANÇA O DADO E COLOCA NA CASA AO LADO A PEÇA QUE TEM O FORMATO DA FIGURA QUE SAIU NO DADO.
5. CASO ESSA PEÇA JÁ TENHA SIDO COLOCADA, ELE PASSA A VEZ.
6. GANHA O JOGO QUEM COMPLETAR PRIMEIRO A CASA COM AS PEÇAS.

Alberto Stefano/Arquivo da editora

ATRÁS DO CAMINHÃO

VEJA O TRÂNSITO NA RUA EM QUE MANUELA MORA.

Alberto Stefano/Arquivo da editora

- MARQUE ✕ NO PRIMEIRO CARRO ATRÁS DO CAMINHÃO.
- CONTORNE O CARRO QUE ESTÁ MAIS LONGE DO CAMINHÃO.
- MARQUE ○ NO CARRO QUE ESTÁ ENTRE O CAMINHÃO E O CARRO **AZUL**.
- QUANTOS CARROS HÁ NESSA CENA? ☐
- QUAL É O TOTAL DE VEÍCULOS QUE APARECEM NESSA CENA? ☐
- QUANTOS CARROS HÁ ATRÁS DO CARRO **AZUL**? ☐

MEU NOME

VOCÊ TEM UM NOME. ELE É REPETIDO SEMPRE QUE ALGUÉM QUER FALAR COM VOCÊ.

- COM A AJUDA DE UM ADULTO, ESCREVA SEU NOME NO QUADRO.

- QUANTAS LETRAS TEM SEU NOME?

MINHA IDADE

DEPOIS QUE NASCEMOS, A CADA ANO COMPLETAMOS MAIS UM ANO DE VIDA.

- QUAL É A SUA IDADE? MARQUE ✖ NA MÃO QUE MOSTRA QUANTOS ANOS VOCÊ TEM AGORA.
- CONTORNE COM LÁPIS DE COR **AZUL** A MÃO QUE INDICA QUANTOS ANOS VOCÊ VAI FAZER NO SEU PRÓXIMO ANIVERSÁRIO.

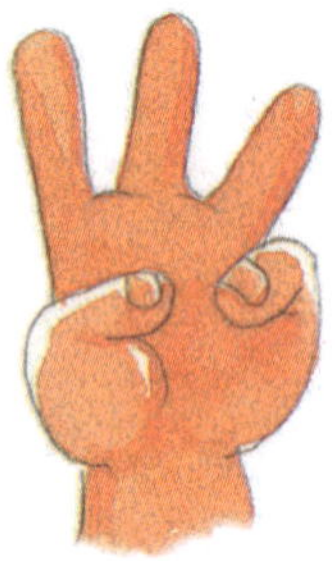

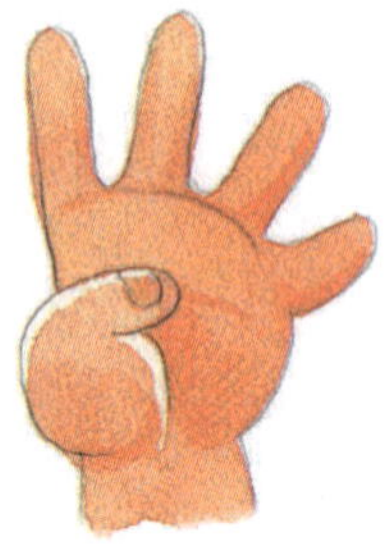

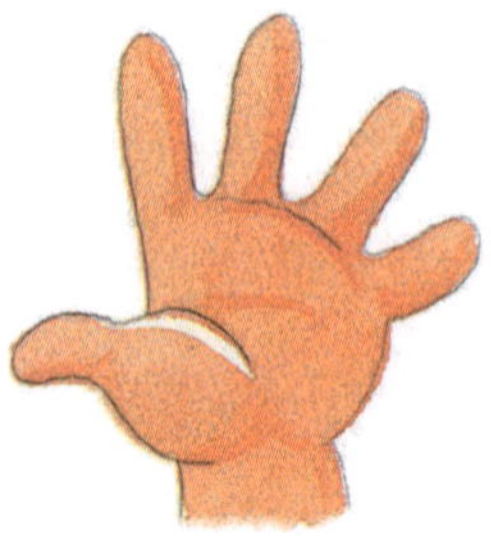

- DESENHE NO BOLO AO LADO A QUANTIDADE DE VELINHAS QUE INDICA QUANTOS ANOS VOCÊ VAI FAZER.

Ilustrações: Alberto Stefano/Arquivo da editora

MINHA ALTURA

AS PESSOAS NASCEM PEQUENAS E CRESCEM. MAS, MESMO QUANDO TÊM A MESMA IDADE, ELAS PODEM TER ALTURAS DIFERENTES.

Ilustrações: Alberto Stefano/Arquivo da editora

COMPARE A ALTURA DAS 3 CRIANÇAS QUE NÃO ESTÃO COM A PROFESSORA.

- MARQUE ✕ NA CRIANÇA MAIS ALTA NESSA CENA.
- CONTORNE A CRIANÇA MAIS BAIXA.

MINHA MÃO

MANUELA CARIMBOU UMA DAS MÃOS DELA EM UMA FOLHA.

- AGORA, É A SUA VEZ! PASSE TINTA **AZUL** E CARIMBE UMA DE SUAS MÃOS NESTA PÁGINA.

Alberto Stefano/ Arquivo da editora

- QUANTOS DEDOS VOCÊ TEM EM CADA MÃO? ▭
- CONTORNE DE **VERMELHO** O DEDO MAIS COMPRIDO.
- CONTORNE DE **AZUL** O DEDO MAIS CURTO.

MEDINDO CALÇADOS

VAMOS MEDIR CALÇADOS?

- PINTE OS QUADRINHOS PARA MOSTRAR O COMPRIMENTO DE CADA CALÇADO.

Ilustrações: Alberto Stefano/Arquivo da editora

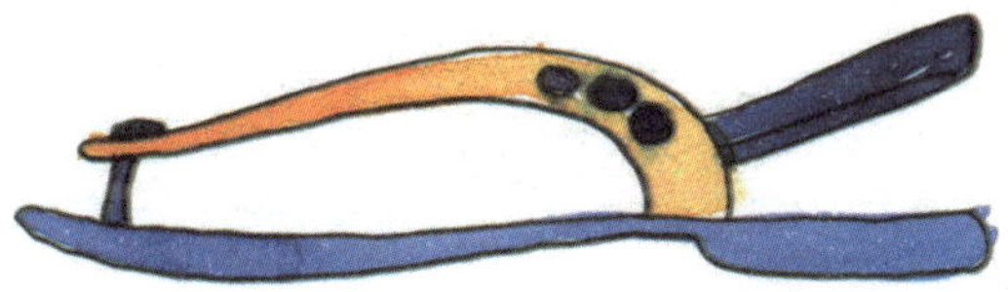

- AGORA, ESCREVA O NÚMERO QUE REPRESENTA QUANTOS QUADRINHOS VOCÊ COLORIU PARA INDICAR CADA MEDIDA.
- CONTORNE OS CALÇADOS QUE TÊM A MESMA MEDIDA.

A CASA DE LIA

MATERIAL DE APOIO

A CASA DE LIA ESTÁ SEMPRE ARRUMADA. CADA COISA FICA EM UM LUGAR.

GARAGEM

QUARTO

SALA

BANHEIRO

COZINHA

Ilustrações: Alberto Stefano/Arquivo da editora

- DESTAQUE AS FIGURAS DA **PÁGINA 5** E COLE CADA UMA NO LUGAR ADEQUADO.

A SALA DA CASA DE BRUNO

VEJA OS OBJETOS QUE HÁ NA SALA DA CASA DE BRUNO.

Alberto Stefano/Arquivo da editora

- CONTORNE COM LÁPIS **AZUL** OS OBJETOS QUE LEMBRAM ESTA FIGURA: .
- QUANTOS OBJETOS VOCÊ CONTORNOU COM LÁPIS **AZUL**? ☐
- CONTORNE COM LÁPIS **VERMELHO** OS OBJETOS QUE LEMBRAM ESTA FIGURA: .
- QUANTOS OBJETOS VOCÊ CONTORNOU COM LÁPIS **VERMELHO**? ☐

A COZINHA DA CASA DE CAUÃ

CAUÃ DEIXOU ALGUNS OBJETOS DELE FORA DO LUGAR, NA COZINHA.

Alberto Stefano/Arquivo da editora

- AJUDE CAUÃ E CONTORNE COM LÁPIS **LARANJA** OS OBJETOS QUE NÃO DEVEM SER USADOS NA COZINHA.

O QUARTO DE BETO

BETO VAI ORGANIZAR O QUARTO DELE. OBSERVE OS OBJETOS E OS BRINQUEDOS ESPALHADOS.

- PINTE COM A MESMA COR OS OBJETOS QUE TÊM O MESMO FORMATO.

Alberto Stefano/Arquivo da editora

ONDE CABE MAIS LÍQUIDO?

MANUELA OBSERVOU ALGUNS RECIPIENTES NA COZINHA DA CASA DELA.

VAMOS AJUDAR MANUELA A DESCOBRIR ONDE CABE MAIS LÍQUIDO.

- COMPARE E MARQUE ✕ NO RECIPIENTE EM QUE CABE MAIS LÍQUIDO EM CADA CASO.

Ilustrações: Alberto Stefano/Arquivo da editora

ONDE CABE MENOS LÍQUIDO?

SOFIA OBSERVOU ALGUNS RECIPIENTES NA CASA DELA.

VAMOS AJUDAR SOFIA A DESCOBRIR ONDE CABE MENOS LÍQUIDO.

- COMPARE E CONTORNE O RECIPIENTE EM QUE CABE MENOS LÍQUIDO EM CADA CASO.

Vectors Bang/Shutterstock

Alberto Stefano/Arquivo da editora

Alberto Stefano/Arquivo da editora

Alberto Stefano/Arquivo da editora

VAMOS PESQUISAR A FRUTA PREFERIDA

MANUELA RECEBEU OS AMIGOS DA TURMA NA CASA DELA.

ANTES DE A MÃE DE MANUELA SERVIR FRUTAS PARA ELES, PERGUNTOU DE QUAL FRUTA ELES MAIS GOSTAVAM.

- FAÇA UMA PESQUISA VOCÊ TAMBÉM: PERGUNTE A 6 COLEGAS DA TURMA DE QUAL FRUTA ELES GOSTAM MAIS: BANANA, LARANJA, MELANCIA OU MANGA? MAS ATENÇÃO: CADA COLEGA PODE VOTAR APENAS UMA VEZ!
- PINTE 1 QUADRINHO PARA REPRESENTAR O VOTO QUE CADA FRUTA RECEBER.
- MARQUE ✕ NA FRUTA MENOS ESCOLHIDA.
- CONTORNE A FRUTA MAIS ESCOLHIDA.

Alzan/Shutterstock

Maks Narodenko/Shutterstock

Maks Narodenko/Shutterstock

Svetok30/Shutterstock

QUENTE OU FRIO?

SOFIA ESTÁ COM A MÃE DELA NA COZINHA.

Alberto Stefano/Arquivo da editora

- CONTORNE A FIGURA QUE MOSTRA ALGO QUENTE.
- MARQUE ✕ NA FIGURA QUE MOSTRA ALGO FRIO.

OBJETOS COM O MESMO FORMATO

ANA OBSERVOU ESTES OBJETOS NA CASA DELA.

Ilustrações: Alberto Stefano/Arquivo da editora

- PINTE DE **AZUL** OS OBJETOS COM O MESMO FORMATO DESTA CAIXA .
- PINTE DE **VERMELHO** OS OBJETOS COM O MESMO FORMATO DESTA BOLA .
- SOBROU ALGUM OBJETO SEM PINTAR? SE SIM, MARQUE ✕.

AS AMIGAS DE LIA

ESTA É LIA COM DUAS AMIGAS. OBSERVE O NOME DELAS.

LIA

SOFIA

MANUELA

Ilustrações: Alberto Stefano/Arquivo da editora

- PINTE DE **AZUL** A FICHA COM O NOME QUE TEM MAIS LETRAS.
- PINTE DE **VERMELHO** A FICHA COM O NOME QUE TEM MENOS LETRAS.
- QUANTAS LETRAS TEM O NOME **SOFIA**? ☐

CALÇADOS DE LIA E DE BETO

MATERIAL DE APOIO

- DESTAQUE AS IMAGENS DA **PÁGINA 7**.
- COLE CADA UMA DELAS NOS ESPAÇOS ABAIXO, SEPARANDO COMO QUISER.
- EXPLIQUE COMO VOCÊ PENSOU PARA SEPARAR AS IMAGENS COLADAS.

AS ROUPAS DE SOFIA

SOFIA GOSTA DE ROUPAS COLORIDAS.
ELA SEMPRE GUARDA AS ROUPAS DELA SEPARADAS POR COR.

• OBSERVE ESTES DOIS GRUPOS DE ROUPAS DE SOFIA.

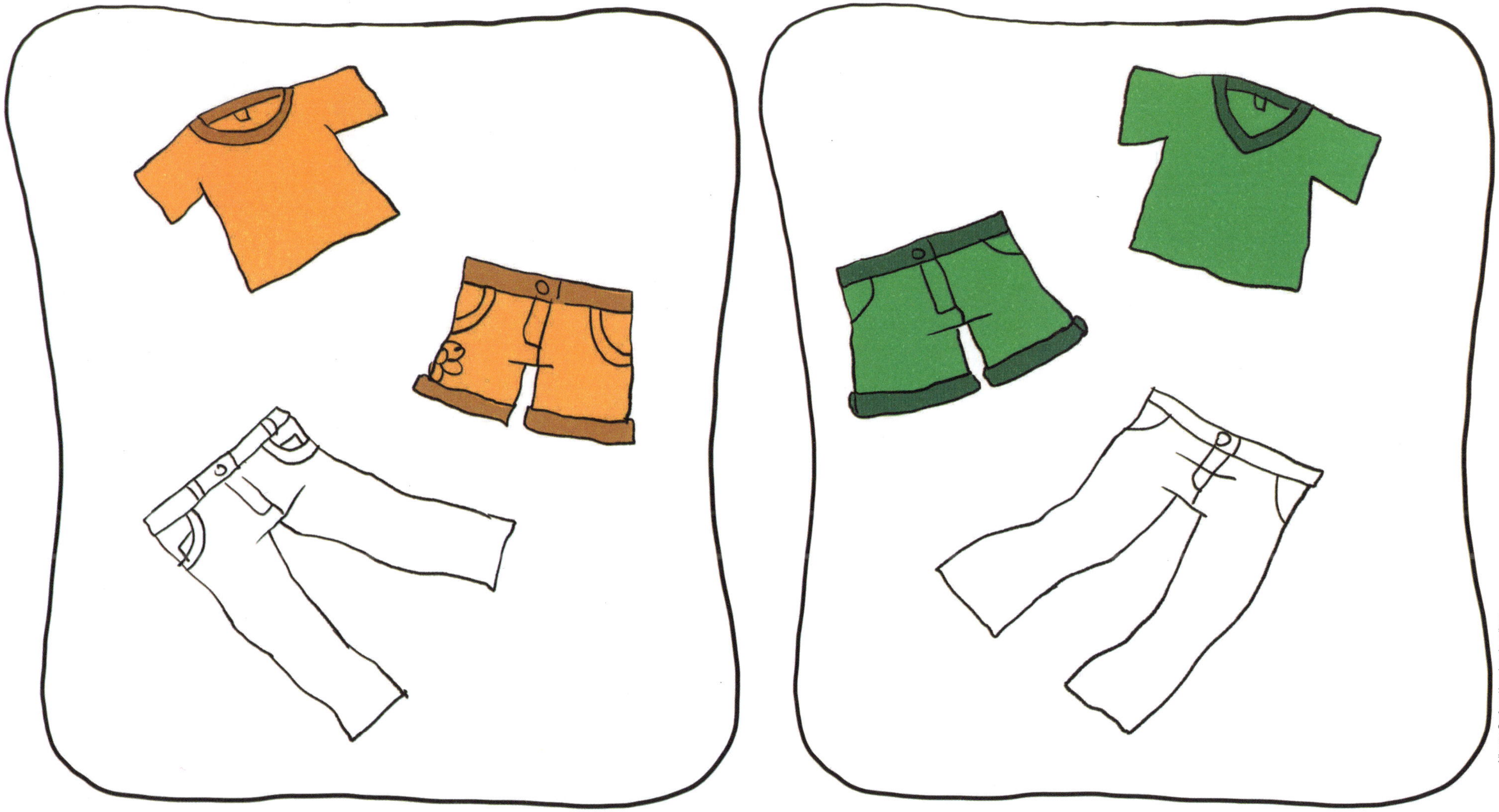

Alberto Stefano/Arquivo da editora

• EM CADA GRUPO, PINTE A ROUPA QUE FALTA COLORIR, USANDO A MESMA COR DAS OUTRAS ROUPAS.

• E VOCÊ, TAMBÉM GOSTA DE ROUPAS COLORIDAS? COSTUMA SEPARAR SUAS ROUPAS POR COR?

NÚMEROS 1, 2 E 3. VAMOS ESCREVER?

NA CASA DE ANA HÁ MUITOS LIVROS. ANA LEU QUE OS INDÍGENAS USAM CANOAS COMO MEIO DE TRANSPORTE.

- CUBRA OS NÚMEROS COM CANETA HIDROCOR E CONTE OS ÍNDIOS DENTRO DA CANOA.

Ilustrações: Alberto Stefano/Arquivo da editora

1	2	3
UM	DOIS	TRÊS

1 1

2 2

3 3

- ESCREVA O NÚMERO QUE INDICA A QUANTIDADE DE CANOAS EM CADA GRUPO.

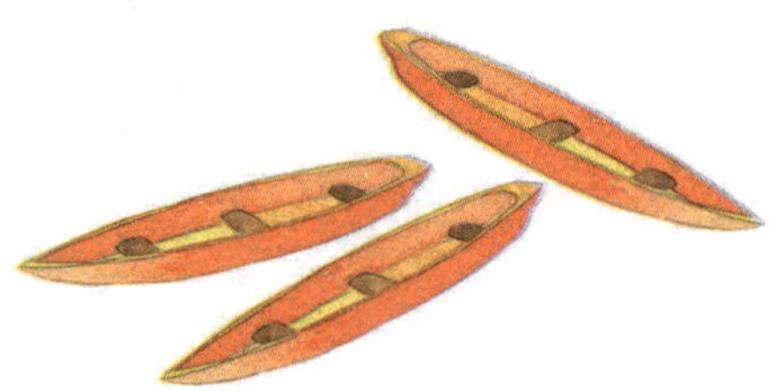

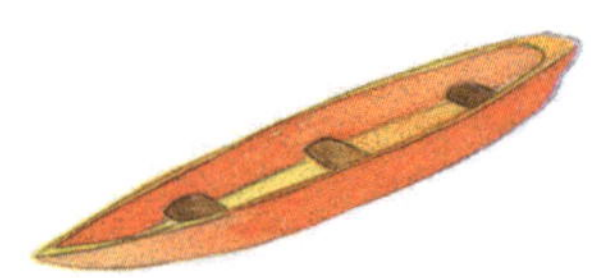

NÚMEROS 4, 5 E 6. VAMOS ESCREVER?

ANA FICOU INTERESSADA PELO MODO DE VIDA DOS INDÍGENAS E DESCOBRIU QUE ALGUNS DELES VIVEM EM UM TIPO DE CASA QUE SE CHAMA OCA.

- CUBRA OS NÚMEROS COM CANETA HIDROCOR E CONTE OS ÍNDIOS DENTRO DA CANOA.

Ilustrações: Alberto Stefano/Arquivo da editora

4	5	6
QUATRO	CINCO	SEIS

4 4	5 5	6 6

- ESCREVA O NÚMERO QUE INDICA A QUANTIDADE DE OCAS EM CADA GRUPO.

NÚMEROS 1 A 6

CAUÃ GOSTA DE JOGAR DOMINÓ COM OS AMIGOS.

- CONTE OS PONTOS EM CADA PEÇA DE DOMINÓ E LIGUE CADA UMA AO NÚMERO QUE INDICA A QUANTIDADE TOTAL DE PONTOS.
- DEPOIS, LIGUE OS NÚMEROS ÀS MÃOS COM A QUANTIDADE CORRESPONDENTE DE DEDOS LEVANTADOS.

Ilustrações: Alberto Stefano/Arquivo da editora

4 5 2 6 3 1

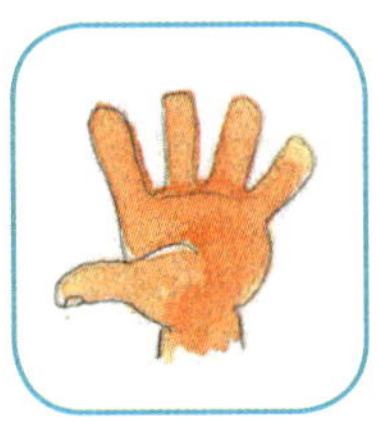 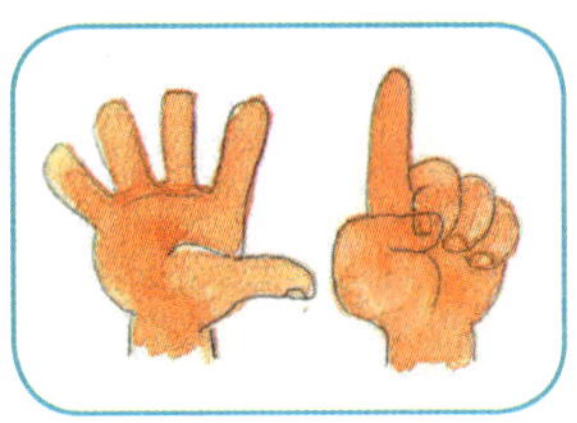 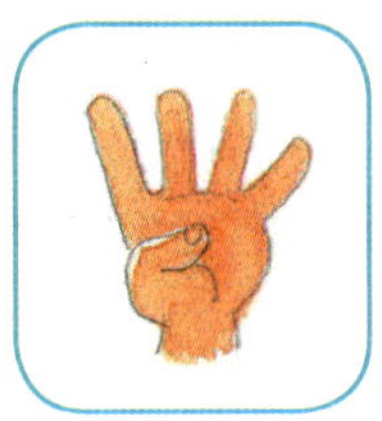   

QUANTOS CARRINHOS?

BETO CONVIDOU BRUNO PARA BRINCAR COM OS CARRINHOS DA COLEÇÃO DELE.

- COLOQUE OS NÚMEROS 1, 2, 3, 4, 5 E 6 NOS QUADRINHOS DE ACORDO COM A QUANTIDADE DE CARRINHOS.

Ilustrações: Alberto Stefano/Arquivo da editora

DEPOIS DO 6 VÊM 7, 8 E 9

A TURMA ADORA BRINCAR COM BOLAS COLORIDAS.

7 BOLAS
SETE

8 BOLAS
OITO

Ilustrações: Alberto Stefano/Arquivo da editora

9 BOLAS
NOVE

VAMOS CONTAR QUANTAS SÃO EM CADA GRUPO?

- CONTE, EM VOZ ALTA, A QUANTIDADE DE BOLAS QUE HÁ EM CADA GRUPO. APONTE PARA CADA BOLA ENQUANTO CONTA.

NÚMEROS 7, 8 E 9. VAMOS ESCREVER?

OS INDÍGENAS RESPEITAM A NATUREZA. DEVEMOS RESPEITAR O MODO DE VIDA DELES E A NATUREZA TAMBÉM!

Alberto Stefano/ Arquivo da editora

- CUBRA OS NÚMEROS COM CANETA HIDROCOR E CONTE OS ÍNDIOS DENTRO DA CANOA.

7 SETE

8 OITO

9 NOVE

7 7

8 8

9 9

NÚMEROS 7 A 9

- CONTE OS ELEMENTOS E PINTE O NÚMERO QUE INDICA A QUANTIDADE EM CADA GRUPO.

8 6 7

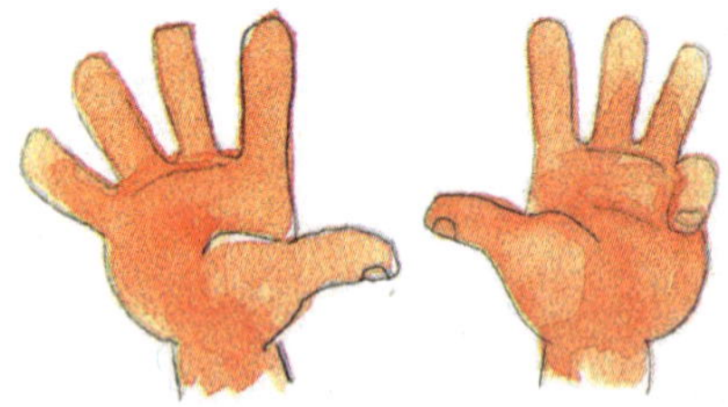

8 9 6

9 7 8

- CONTE OS ELEMENTOS E ESCREVA O NÚMERO QUE INDICA A QUANTIDADE.

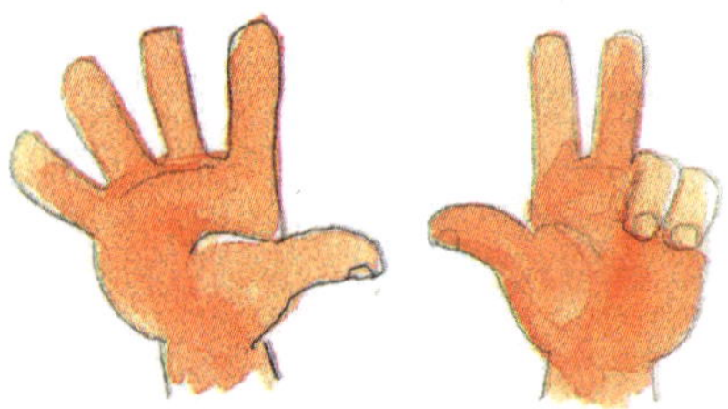

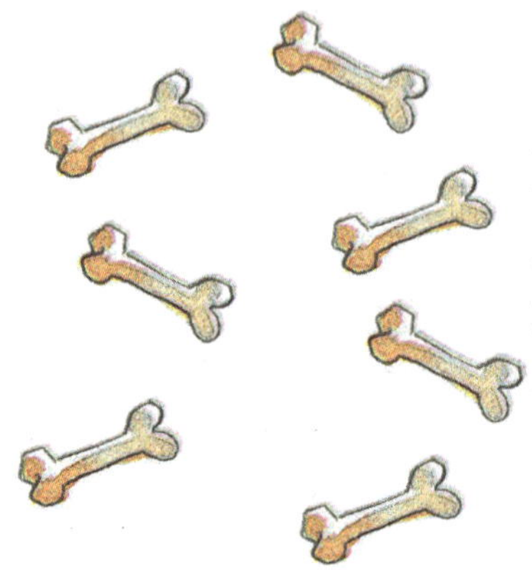

Ilustrações: Alberto Stefano/Arquivo da editora

CONTANDO MOEDAS

NESTES COFRINHOS, CADA MOEDA É DE 1 REAL.

• CONTE AS MOEDAS E LIGUE O COFRINHO AO NÚMERO QUE INDICA QUANTOS REAIS HÁ NELE.

Ilustrações: Alberto Stefano/Arquivo da editora

9 REAIS	7 REAIS	5 REAIS

NÚMEROS 1 A 9

- CONTE OS ELEMENTOS E ESCREVA O NÚMERO QUE INDICA A QUANTIDADE.

Happy Together/Shutterstock

Andrey Armyagov/Shutterstock

Gjermund/Shutterstock

GrashAlex/Shutterstock

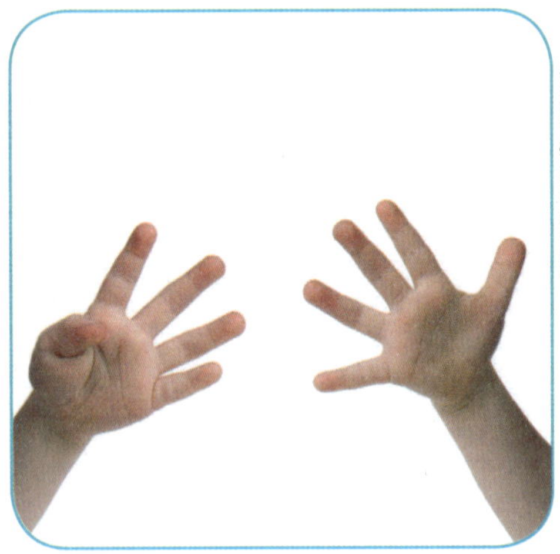

Andrey Armyagov/Shutterstock

Happy Together/Shutterstock

Ilustrações: Alberto Stefano/Arquivo da editora

UNIDADE 2

DESCOBRINDO NOSSA ESCOLA

Alberto Stefano/Arquivo da editora

CAIU TINTA NESTA FOTO DA SALA DE AULA! QUAIS OBJETOS ESTÃO BORRADOS?

TRENZINHO DE AFETO

OS ALUNOS DA PROFESSORA LUIZA ESTÃO BRINCANDO DE TRENZINHO DE AFETO.

- PINTE DE **VERDE** A CAMISETA DA CRIANÇA MAIS ALTA.
- PINTE DE **MARROM** A CAMISETA DA MENINA MAIS BAIXA.
- AGORA, PINTE DE **ROXO** A CAMISETA DA CRIANÇA QUE ESTÁ ENTRE A MENINA MAIS ALTA E O MENINO MAIS ALTO.
- PINTE DE **LARANJA** A CAMISETA DA CRIANÇA QUE ESTÁ MAIS PERTO DA PROFESSORA.

DESCUBRA A COR DO BALÃO QUE ESTOUROU

BETO E BRUNO ESTÃO PENDURANDO OS BALÕES PARA A FESTA DA ESCOLA.

OBSERVE O PADRÃO DE CORES QUE SE REPETE NA MANEIRA COMO OS BALÕES ESTÃO PENDURADOS. MAS ATENÇÃO: UM BALÃO ESTOUROU!

Alberto Stefano/Arquivo da editora

- MARQUE ✕ NA COR DO BALÃO QUE ESTOUROU.

 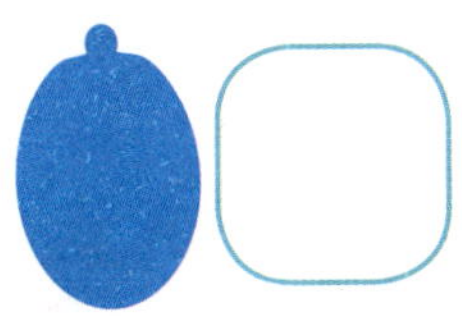

- NA CENA ACIMA, DESENHE E PINTE ESSE BALÃO.

BRINQUEDOS DO PARQUINHO DA ESCOLA

MATERIAL DE APOIO

VAMOS FAZER UMA PESQUISA PARA DESCOBRIR QUAL DOS BRINQUEDOS DO PARQUINHO DA ESCOLA É O FAVORITO?

- PERGUNTE A 6 COLEGAS DA TURMA EM QUAL BRINQUEDO ELES MAIS GOSTAM DE BRINCAR: NO ESCORREGADOR, NO BALANÇO OU NA GANGORRA? CADA COLEGA DEVE ESCOLHER APENAS UM BRINQUEDO E VOTAR UMA VEZ.
- DESTAQUE AS FIGURAS DA **PÁGINA 7**.
- PARA REPRESENTAR CADA RESPOSTA DOS COLEGAS, COLE 1 FIGURA DO BRINQUEDO ESCOLHIDO EM 1 QUADRINHO DA COLUNA CORRESPONDENTE A ELE.
- COLE AS FIGURAS PREENCHENDO OS QUADRINHOS DE BAIXO PARA CIMA.

Ilustrações: Alberto Stefano/Arquivo da editora

CONSTRUINDO FIGURAS

MATERIAL DE APOIO

OBSERVE O QUE LIA E OS AMIGOS ESTÃO FAZENDO NA SALA DE AULA.

Alberto Stefano/Arquivo da editora

- DESTAQUE OS CARTÕES COM CONTORNOS TRACEJADOS DA **PÁGINA 9**.
- COLE FIOS DE LÃ COLORIDOS SOBRE OS CONTORNOS DAS FIGURAS.

LÁPIS DE COR OU GIZ DE CERA?

A PROFESSORA PERGUNTOU A 7 ALUNOS QUAL ERA O MATERIAL DE COLORIR FAVORITO DE CADA UM DELES: LÁPIS DE COR OU GIZ DE CERA?

AS RESPOSTAS FORAM REPRESENTADAS NOS QUADRINHOS DE CADA LINHA.

CADA QUADRINHO PREENCHIDO REPRESENTA UM VOTO. CADA ALUNO VOTOU APENAS 1 VEZ.

Ilustrações: Alberto Stefano/Arquivo da editora

- CONTORNE O MATERIAL DE COLORIR QUE FOI MENOS ESCOLHIDO.
- QUANTOS VOTOS TEVE O LÁPIS DE COR?
- E O GIZ DE CERA?

COLEGAS DE ESCOLA

VEJA LIA COM ALGUNS COLEGAS DA ESCOLA.

VAMOS CONTAR OS ALUNOS EM CADA GRUPO?

1 ALUNO
UM

2 ALUNOS
DOIS

3 ALUNOS
TRÊS

Ilustrações: Alberto Stefano/Arquivo da editora

4 ALUNOS
QUATRO

5 ALUNOS
CINCO

6 ALUNOS
SEIS

- CONTE, EM VOZ ALTA, A QUANTIDADE DE ALUNOS EM CADA GRUPO. APONTE PARA CADA ALUNO ENQUANTO CONTA.

CONTAR E LIGAR

LIA SE REUNIU DE DIFERENTES FORMAS COM OS COLEGAS DA ESCOLA.

Ilustrações: Alberto Stefano/Arquivo da editora

1 2 3 4 5 6

• CONTE QUANTOS ALUNOS HÁ EM CADA GRUPO E LIGUE AO NÚMERO QUE INDICA A QUANTIDADE.

4, 5, 6... VAMOS CONTAR OUTRA VEZ?

• INDIQUE A QUANTIDADE DE BRINQUEDOS QUE HÁ EM CADA GRUPO USANDO O NÚMERO 4, 5 OU 6.

Ilustrações: Alberto Stefano/Arquivo da editora

• CONTORNE OS GRUPOS QUE TÊM MAIS BRINQUEDOS.

NÚMEROS E LETRAS

ANA ESTÁ DIZENDO PARA SOFIA O QUE APRENDEU NA ESCOLA.

- DESTAQUE OS CARTÕES COM NÚMEROS E LETRAS DA **PÁGINA 11**.
- COLE OS CARTÕES NOS ESPAÇOS ABAIXO, SEPARANDO OS NÚMEROS E AS LETRAS EM GRUPOS DIFERENTES.

Alberto Stefano/Arquivo da editora

MATERIAL DE APOIO

NÚMEROS

LETRAS

DOCE OU SALGADO?

BETO PERGUNTOU A 7 COLEGAS SE ELES GOSTAVAM MAIS DE DOCE OU DE SALGADO.

CADA COLEGA VOTOU APENAS 1 VEZ. PARA CADA VOTO, BETO COLOU 1 ADESIVO NOS QUADRINHOS DE CADA LINHA.

Ilustrações: Alberto Stefano/Arquivo da editora

- CONTORNE O ALIMENTO QUE FOI MENOS ESCOLHIDO.
- QUANTOS VOTOS TEVE O ALIMENTO DOCE?
- QUANTOS VOTOS TEVE O ALIMENTO SALGADO?

NÚMEROS 7 A 9: VAMOS CONTAR E COLAR?

MATERIAL DE APOIO

- DESTAQUE OS CARTÕES DA **PÁGINA 13**.
- CONTE QUANTOS ELEMENTOS HÁ EM CADA CARTÃO. DEPOIS, COLE CADA CARTÃO NO ESPAÇO ACIMA DO QUADRINHO COM O NÚMERO QUE INDICA A QUANTIDADE CORRESPONDENTE.

7	8	9
7	8	9

CONTANDO DE 1 A 9

OBSERVE OS BALÕES COLORIDOS.

Ilustrações: Alberto Stefano/Arquivo da editora

- QUANTOS BALÕES CADA GRUPO TEM? CONTE E REGISTRE NOS QUADRINHOS.
- QUAL GRUPO TEM 9 BALÕES? CONTORNE ESSE GRUPO.

O NÚMERO ZERO

OBSERVE AS TRÊS CENAS.

2 PASSARINHOS

1 PASSARINHO

NENHUM PASSARINHO
OU ZERO PASSARINHO

Alberto Stefano/
Arquivo da editora

- CONTE QUANTOS PASSARINHOS HÁ EM CADA CENA.
- AO LADO, CUBRA O NÚMERO ZERO COM CANETA HIDROCOR.
- ESCREVA O ZERO NO ESPAÇO ABAIXO, SEGUINDO AS SETAS.

0 0

0

ZERO

SUGESTÃO DE CD

Reprodução/Angelus Produções Artísticas

COLETÂNEA DE MÚSICAS INFANTIS, DE BIA BEDRAN.

NÚMERO 10. VAMOS ESCREVER?

O ARCO E FLECHA ERA USADO PELOS INDÍGENAS PARA CAÇAR. HOJE EM DIA, TORNOU-SE UM ESPORTE DE COMPETIÇÃO NAS ALDEIAS E ATÉ NOS JOGOS OLÍMPICOS!

Alberto Stefano/ Arquivo da editora

INDIOZINHOS

1, 2, 3 INDIOZINHOS.
4, 5, 6 INDIOZINHOS.
7, 8, 9 INDIOZINHOS.
10 NUM PEQUENO BOTE.
VINHAM NAVEGANDO PELO RIO ABAIXO
QUANDO O JACARÉ SE APROXIMOU.
E O PEQUENO BOTE DOS INDIOZINHOS
QUASE, QUASE VIROU,
MAS NÃO VIROU.

CANTIGA POPULAR.

- ABAIXO, CUBRA O NÚMERO DEZ COM CANETA HIDROCOR E CONTE OS ÍNDIOS DA IMAGEM.

10

DEZ

- ESCREVA O NÚMERO DEZ NO ESPAÇO ABAIXO, SEGUINDO AS SETAS.

10 10

NÚMEROS 0 A 10

- CONTE A QUANTIDADE DE LÁPIS E LIGUE CADA CAIXA AO NÚMERO CORRESPONDENTE.

Ilustrações: Alberto Stefano/Arquivo da editora

0	1	2	3	4	5	6	7	8	9	10

AS ECONOMIAS DE LIA E BRUNO

ALÉM DAS MOEDAS DE 1 REAL, EXISTEM AS NOTAS COM VALORES MAIORES. OBSERVE ESTAS NOTAS.

- MARQUE ✕ NA NOTA DE 5 REAIS.
- MARQUE ◯ NA NOTA DE 10 REAIS.

Fotos: Reprodução/Casa da Moeda do Brasil/ Ministério da Fazenda

LIA E BRUNO COSTUMAM ECONOMIZAR O DINHEIRO QUE GANHAM DOS PAIS.

LIA TEM , BRUNO TEM .

Ilustrações: Alberto Stefano/Arquivo da editora

- ELES TÊM QUANTIAS IGUAIS OU DIFERENTES?

QUANTOS ANIMAIS?

EM UMA EXCURSÃO DA ESCOLA, MANUELA VISITOU UM SÍTIO ONDE VIU MUITOS ANIMAIS.

Ilustrações: Alberto Stefano/Arquivo da editora

- PINTE OS QUADRINHOS DE CADA COLUNA DE ACORDO COM A QUANTIDADE DE CADA ANIMAL. CADA QUADRINHO QUE VOCÊ PINTAR REPRESENTA UM ANIMAL.
- AGORA, OBSERVE OS QUADRINHOS QUE VOCÊ COLORIU E RESPONDA: QUAL ANIMAL HÁ EM MAIOR QUANTIDADE?

DOMINÓ

MATERIAL DE APOIO

REGRAS

1. DESTAQUE AS PEÇAS DA **PÁGINA 15**.
2. AS PEÇAS DEVEM SER COLOCADAS SOBRE A MESA COM OS PONTOS VIRADOS PARA BAIXO. DEPOIS, ELAS DEVEM SER BEM MISTURADAS.
3. CADA PARTICIPANTE DEVE, NA SUA VEZ, VIRAR DUAS PEÇAS. SE O NÚMERO DE PONTOS FOR O MESMO NAS DUAS PEÇAS, O PARTICIPANTE FICA COM ELAS. SE NÃO FOR, ELE PÕE AS PEÇAS VIRADAS PARA BAIXO NOVAMENTE.
4. VENCE O JOGO QUEM CONSEGUIR JUNTAR MAIS PEÇAS.

Alberto Stefano/Arquivo da editora

SOFIA GOSTA DE PINTAR

ASSIM COMO SOFIA, VAMOS PINTAR TAMBÉM?

OBSERVE ESTAS FIGURAS GEOMÉTRICAS.

- PINTE CADA DESENHO ABAIXO COM A COR DA FIGURA GEOMÉTRICA ACIMA QUE SE PARECE COM ELE.

Ilustrações: Alberto Stefano/Arquivo da editora

- QUANTOS DESENHOS VOCÊ PINTOU?

SE TIVER O MESMO FORMATO, É SÓ LIGAR

• LIGUE OS OBJETOS ÀS FIGURAS GEOMÉTRICAS COM AS QUAIS ELES SE PARECEM.

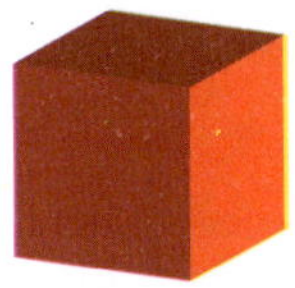

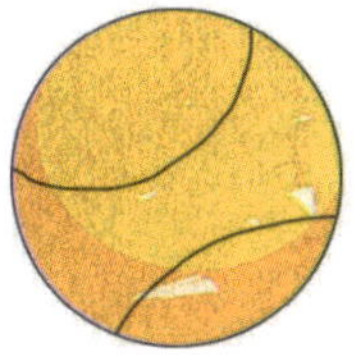

Ilustrações: Alberto Stefano/Arquivo da editora

VAMOS COLAR?

MATERIAL DE APOIO

- DESTAQUE AS FICHAS DA **PÁGINA 17** E COLE ABAIXO DA FIGURA GEOMÉTRICA DE MESMO FORMATO.

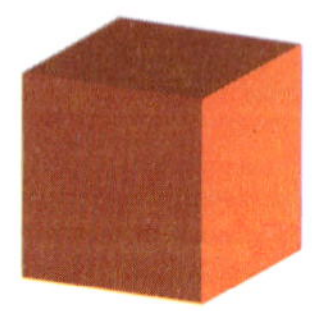

QUE FIGURAS VÃO APARECER?

PARA DESCOBRIR, FAÇA O QUE SE PEDE.

- CUBRA OS TRACEJADOS DE TODAS AS FIGURAS ABAIXO.

Alberto Stefano/Arquivo da editora

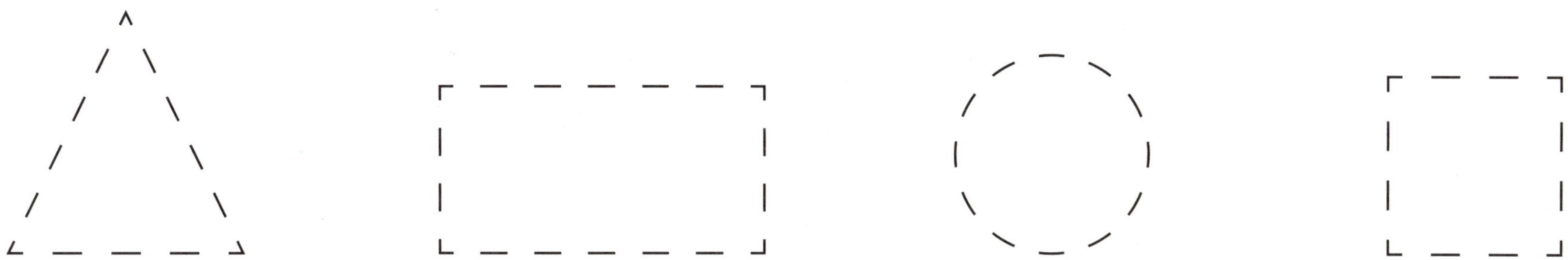

- LIGUE AS FIGURAS QUE SE COMPLETAM.

BRUNO MEDIU COM CLIPES

BRUNO USOU CLIPES PARA MEDIR OS DESENHOS DE BRINQUEDOS QUE A PROFESSORA DEU PARA A TURMA.

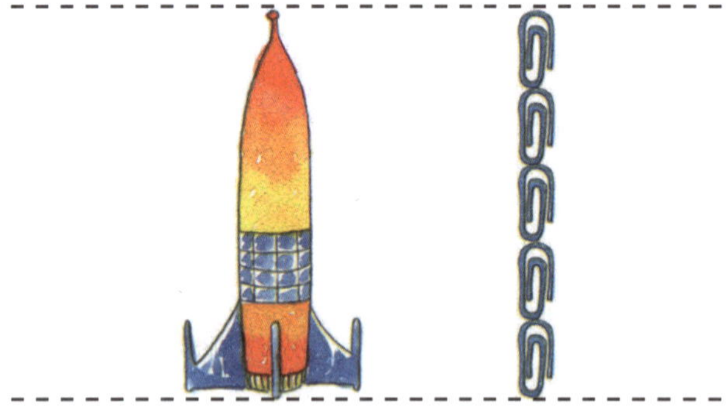

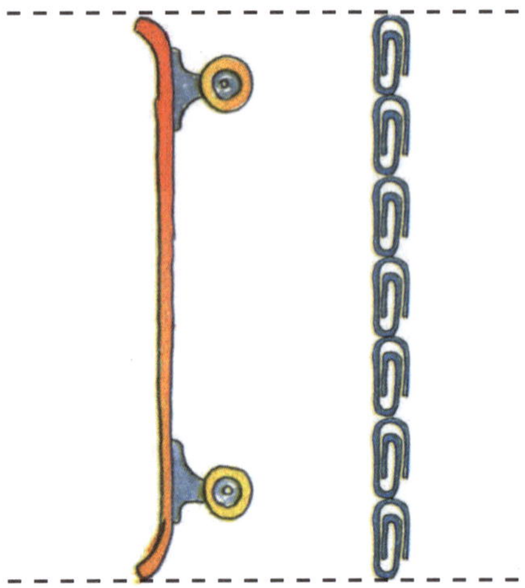

Ilustrações: Alberto Stefano/Arquivo da editora

- QUANTOS CLIPES MEDE CADA DESENHO? ESCREVA O NÚMERO QUE INDICA CADA MEDIDA.
- MARQUE ✕ NO DESENHO QUE TEM MEDIDA MAIOR E ○ NO DE MEDIDA MENOR.

CAUÃ TAMBÉM USOU CLIPES PARA MEDIR

CAUÃ ESTÁ MEDINDO OS LÁPIS DE COR DELE COM CLIPES.

Ilustrações: Alberto Stefano/Arquivo da editora

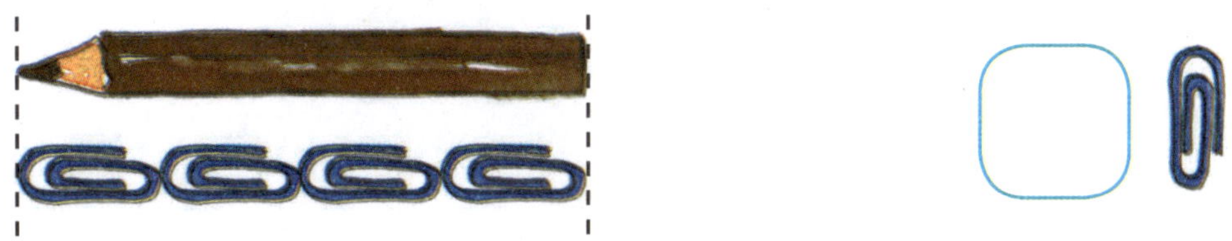

- QUANTOS CLIPES MEDE CADA LÁPIS? ESCREVA O NÚMERO QUE INDICA CADA MEDIDA.
- MARQUE ✕ NO LÁPIS MAIS COMPRIDO E CONTORNE O LÁPIS MAIS CURTO.

LIA MEDE COM O PÉ, BETO COM O PALMO E SOFIA COM O PASSO

LIA, BETO E SOFIA ESTÃO FAZENDO MEDIÇÕES NA SALA DE AULA.

Alberto Stefano/ Arquivo da editora

FAÇA COMO AS CRIANÇAS: MEÇA SUA SALA DE AULA E COMPLETE.

- O COMPRIMENTO DA PORTA DE MINHA SALA TEM ☐ PÉS.
- O COMPRIMENTO DO TAMPO DA MESA DO PROFESSOR TEM ☐ PALMOS.
- O COMPRIMENTO DE UMA DAS PAREDES DE MINHA SALA TEM ☐ PASSOS.

VAMOS AGRUPAR BLOCOS DE MONTAR?

A PROFESSORA DE CAUÃ E ANA PEDIU A ELES QUE AGRUPASSEM BLOCOS DE MONTAR. VAMOS AJUDÁ-LOS? CONTORNE OS GRUPOS.

- CAUÃ PRECISA FORMAR GRUPOS DE BLOCOS DA MESMA COR.

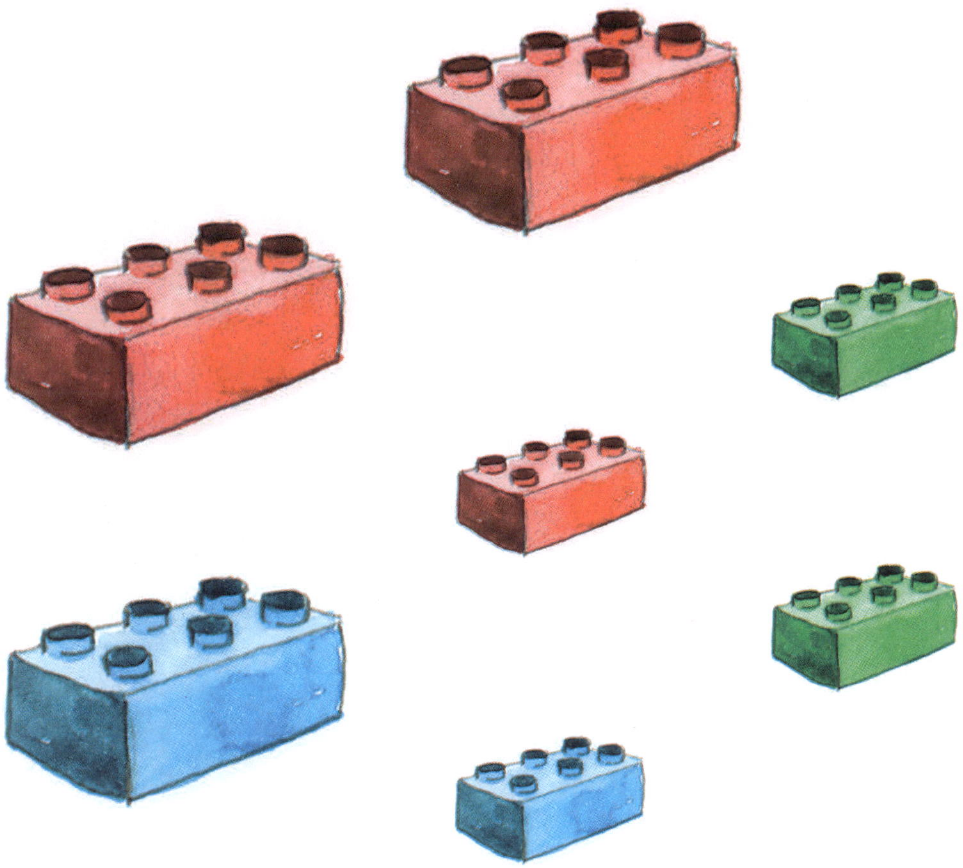

- ANA PRECISA FORMAR UM GRUPO DOS BLOCOS GRANDES E OUTRO GRUPO DOS BLOCOS PEQUENOS.

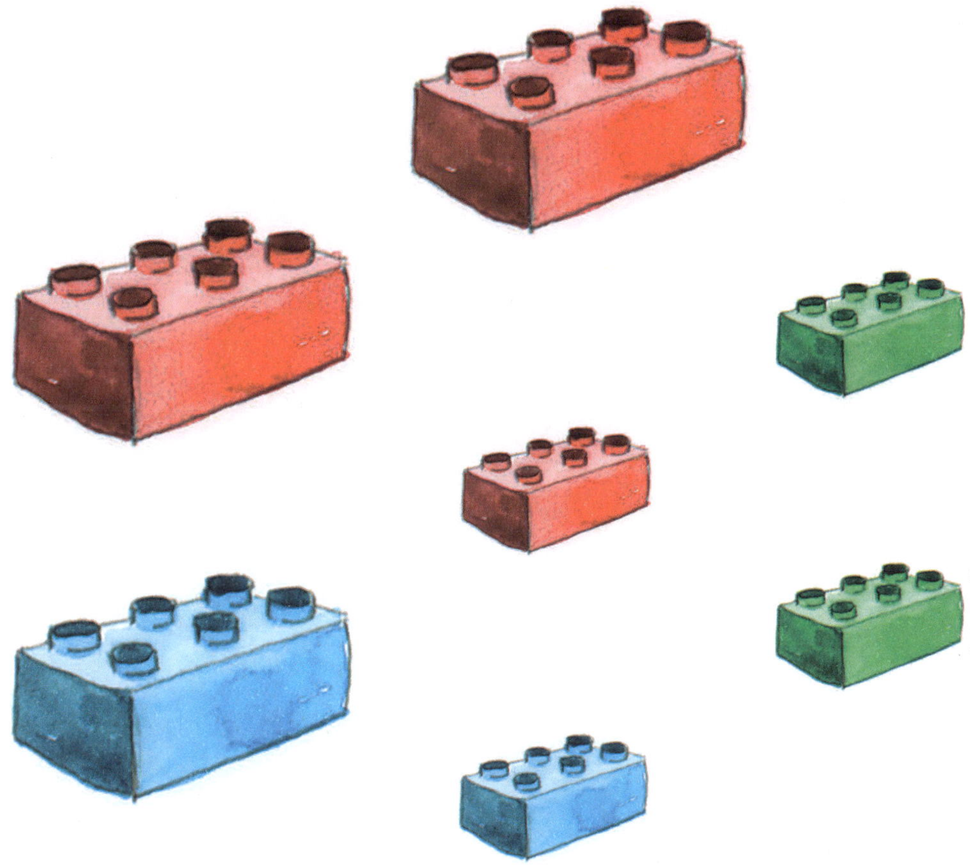

Ilustrações: Alberto Stefano/Arquivo da editora

QUE DELÍCIA É BEBER SUCO!

NO LANCHE DA ESCOLA, CAUÃ BEBEU UM SUCO DE UVA DELICIOSO.
VOCÊ GOSTA DE UVA? E DE SUCO DE UVA?

Alberto Stefano/ Arquivo da editora

- CONTORNE O COPO QUE ESTÁ CHEIO DE SUCO.
- MARQUE ✕ NO COPO QUE ESTÁ VAZIO.
- PINTE OS OUTROS DOIS COPOS DE MODO QUE ELES FIQUEM CHEIOS.

NÚMEROS NAS EMBALAGENS

A PROFESSORA LEVOU LIA E TODA A TURMA À COZINHA DA ESCOLA E PEDIU QUE OBSERVASSEM OS NÚMEROS NAS EMBALAGENS.

- MARQUE ✕ NO PACOTE MAIS PESADO.

- CONTORNE A GARRAFA EM QUE CABE MAIS LÍQUIDO.

Ilustrações: Alberto Stefano/Arquivo da editora

PESANDO COM UMA BALANÇA DE PRATOS

MATERIAL DE APOIO

A PROFESSORA LEVOU À SALA DE AULA UMA BALANÇA DE PRATOS PARA PESAR OBJETOS. A TURMA DE LIA APRENDEU QUE UM DOS PRATOS DA BALANÇA FICA MAIS BAIXO QUANDO O OBJETO QUE ESTÁ NELE É MAIS PESADO QUE O OBJETO QUE ESTÁ NO OUTRO PRATO.

- DESTAQUE AS FIGURAS DA **PÁGINA 17**.
- COLE CORRETAMENTE AS FIGURAS NOS PRATOS DAS BALANÇAS.

Ilustrações: Alberto Stefano/Arquivo da editora

O QUE É MAIS PESADO?

MANUELA E CAUÃ QUEREM DESCOBRIR, SEM USAR A BALANÇA DE PRATOS, QUAL É O MATERIAL ESCOLAR MAIS PESADO EM CADA CASO A SEGUIR. VAMOS AJUDÁ-LOS?

Ilustrações: Alberto Stefano/Arquivo da editora

- EM CADA DUPLA DE MATERIAIS ESCOLARES, CONTORNE O QUE É MAIS PESADO.

CONTANDO BOLACHAS

A PROFESSORA DE MANUELA GUARDA, EM POTES, BOLACHAS PARA O LANCHE DA TURMA.

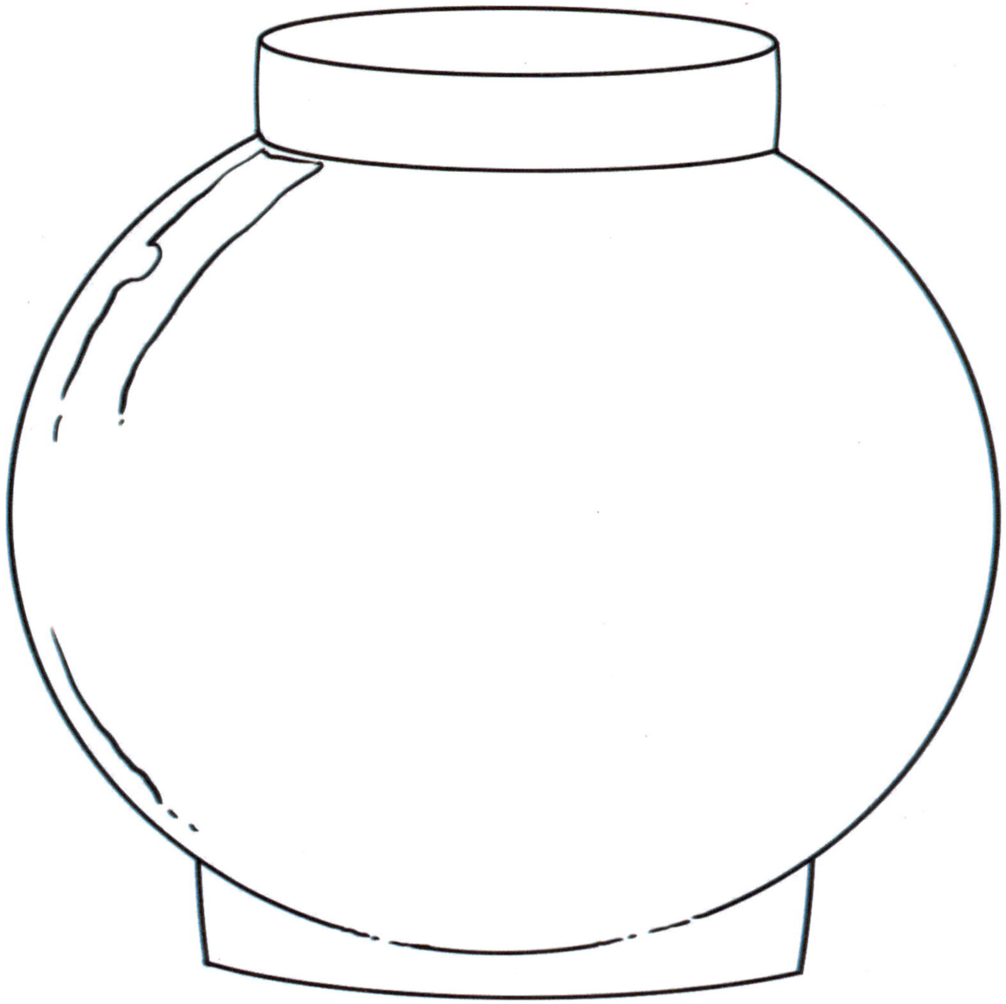

Alberto Stefano/
Arquivo da editora

- PINTE DE **VERDE** O POTE EM QUE HÁ 0 (ZERO) BOLACHA.
- PINTE DE **LARANJA** O POTE EM QUE HÁ 10 (DEZ) BOLACHAS.

NÚMEROS 0 A 10

• COMPLETE AS SEQUÊNCIAS ABAIXO COM OS NÚMEROS DE 0 A 10 QUE ESTÃO FALTANDO EM CADA UMA.

0	1	2		4		6		8		10

	1		3		5		7		9	10

0	1	2			5			8	9	

0	1	2								10

NÚMEROS NO BAIRRO DA ESCOLA

A PROFESSORA DE LIA CONVIDOU TODA A TURMA PARA OBSERVAR A JANELA DA SALA DE AULA.

Alberto Stefano/Arquivo da editora

• COM OS COLEGAS, LOCALIZE E CONTORNE OS NÚMEROS 1 A 10 QUE APARECEM NA CENA.

UNIDADE 3

PLANTAS, ANIMAIS E MUITO MAIS

Alberto Stefano/Arquivo da editora

VOCÊ JÁ ABRAÇOU O TRONCO DE UMA ÁRVORE? OU JÁ BRINCOU DE CATA-VENTO? VOCÊ COSTUMA BEBER ÁGUA MUITAS VEZES?

DIA E NOITE

DE DIA, SOFIA E LIA GOSTAM DE BRINCAR, MAS, DE NOITE, É HORA DE DESCANSAR.

Ilustrações: Alberto Stefano/Arquivo da editora

- LIGUE AS CENAS AO DESENHO QUE MOSTRA O QUE VEMOS NO CÉU DE CADA UMA DELAS.
- DEPOIS, PINTE OS DESENHOS COMO QUISER.

ÁGUA NA NATUREZA

ALGUNS ELEMENTOS DA NATUREZA SÃO FORMADOS POR ÁGUA.
OBSERVE AS FOTOS QUE MOSTRAM LUGARES QUE POSSUEM ÁGUA.

PhotoLohi/Shutterstock

LAGO

Robert Mcgillivray/Shutterstock

GELEIRA

Cristhiansantos/Shutterstock

MAR

Alexey Seafarer/Shutterstock

URSO-POLAR

Voronas/Shutterstock

ESTRELA-DO-MAR

DenisNata/Shutterstock

PATO

- LIGUE CADA ANIMAL AO LUGAR EM QUE ELE PODE SER ENCONTRADO NA NATUREZA.
- QUAL É A IMPORTÂNCIA DA ÁGUA NA VIDA DAS PESSOAS, DOS ANIMAIS E DAS PLANTAS? CONVERSE COM OS COLEGAS.

FRIO OU CALOR?

MANUELA, ANA E BETO ESTÃO VENDO CARTÕES-POSTAIS COM CENAS EM DIFERENTES LUGARES DO MUNDO.

Ilustrações: Alberto Stefano/Arquivo da editora

- MARQUE ○ NAS CENAS QUE MOSTRAM DIAS QUENTES DE SOL E CALOR.
- MARQUE ✕ NAS CENAS QUE MOSTRAM DIAS FRIOS COM NUVENS E GELO.

LIA TEM ROUPAS DE FRIO E DE CALOR

ANTES DE SAIR DE CASA, LIA SEMPRE CONSULTA A PREVISÃO DO TEMPO PARA ESCOLHER A ROUPA CORRETA E NÃO SENTIR FRIO NEM CALOR.

Ilustrações: Alberto Stefano/ Arquivo da editora

- CONTORNE COM LÁPIS **LARANJA** AS ROUPAS QUE LIA DEVE USAR QUANDO ESTÁ CALOR.
- CONTORNE COM LÁPIS **VERDE** AS ROUPAS QUE ELA DEVE USAR QUANDO FAZ FRIO.

ANIMAIS SILVESTRES

OS ANIMAIS QUE VIVEM LIVRES NA NATUREZA SE CHAMAM ANIMAIS SILVESTRES. ALGUNS DELES VIVEM EM FLORESTAS.

Ammit/Alamy/Fotoarena

Xinhua/eyevine/Glow Images

Anan Kaewkhammul/Shutterstock

Eric Isselee/Shutterstock

Eric Isselee/Shutterstock

Eric Isselee/Shutterstock

- LIGUE CADA ANIMAL SILVESTRE A SEU FILHOTE.
- NESTA PÁGINA HÁ MAIS ANIMAIS ADULTOS OU MAIS FILHOTES? EXPLIQUE COMO VOCÊ PENSOU PARA RESPONDER.

ANIMAIS DOMÉSTICOS E ANIMAIS DA FAZENDA

OS ANIMAIS DE ESTIMAÇÃO QUE TEMOS EM CASA SÃO ANIMAIS DOMÉSTICOS.

OS ANIMAIS DA FAZENDA SÃO CRIADOS PELO SER HUMANO PARA A PRODUÇÃO DE ALIMENTOS, COMO OVOS E LEITE.

Africa Studio/Shutterstock

Aksenova Natalya/Shutterstock

Supertrooper/Shutterstock

Peter Wollinga/Shutterstock

- MARQUE ✕ NO ANIMAL DE DUAS PERNAS.
- AGORA, CONTORNE AS FOTOS ACIMA, SEPARANDO OS ANIMAIS EM DOIS GRUPOS: UM GRUPO DOS ANIMAIS DOMÉSTICOS E OUTRO DOS ANIMAIS DA FAZENDA.

VAMOS PESQUISAR ANIMAIS DOMÉSTICOS

VAMOS FAZER UMA PESQUISA PARA DESCOBRIR QUAL DOS ANIMAIS DOMÉSTICOS É O FAVORITO.

- PERGUNTE A 6 COLEGAS DE QUAL ANIMAL DOMÉSTICO ELES MAIS GOSTAM: GATO, CACHORRO OU PEIXE. CADA COLEGA DEVE ESCOLHER APENAS UM ANIMAL DOMÉSTICO E VOTAR UMA VEZ.
- PARA REPRESENTAR CADA RESPOSTA DOS COLEGAS, PINTE 1 QUADRINHO DOS QUE ESTÃO NA COLUNA ACIMA DA FOTO QUE MOSTRA O ANIMAL VOTADO.
- DEPOIS, MARQUE ✕ NO ANIMAL DOMÉSTICO MAIS ESCOLHIDO.
- CONTORNE O ANIMAL DOMÉSTICO MENOS ESCOLHIDO.

New Africa/Shutterstock

Susan Schmitz/Shutterstock

Tanuha2001/Shutterstock

A COR VERDE NA NATUREZA

LIA GOSTA MUITO DA COR **VERDE**. OBSERVE ONDE HÁ A COR **VERDE** NA NATUREZA.

Denis Tabler/Shutterstock

Maceofoto/Shutterstock

Lee319/Shutterstock

Videowokart/ Shutterstock

Foodonwhite/Shutterstock

Jiang Hongyan/Shutterstock

CWIS/Shutterstock

Iurii Kachkovskyi/Shutterstock

- NAS FOTOS ACIMA, CONTORNE OS PÁSSAROS.
- CITE OUTROS ELEMENTOS COM A COR **VERDE** QUE ENCONTRAMOS NA NATUREZA.

QUE COR SERÁ QUE VAI DAR?

SOFIA E BRUNO FIZERAM UMA EXPERIÊNCIA. COM GIZ DE CERA, ELES PINTARAM UM DESENHO, MISTURANDO A COR **AZUL** COM A COR **AMARELA**. QUE COR SERÁ QUE DEU?

Alberto Stefano/Arquivo da editora

- PINTE A FOLHAGEM DESSA ÁRVORE MISTURANDO A COR **AZUL** COM A COR **AMARELA** E VEJA A COR QUE VAI APARECER.

A COR LARANJA NA NATUREZA

BETO GOSTA MUITO DA COR **LARANJA**. OBSERVE ONDE HÁ A COR **LARANJA** NA NATUREZA.

Seniektomyum/Shutterstock

Iv Nikolny/ Shutterstock

Siraphat/ Shutterstock

Lukas Gojda/Shutterstock

Bergamont/Shutterstock

Pichest/Shutterstock

Matthias Krapp/ Shutterstock

Viktar Malyshchyts/ Shutterstock

Tim UR/Shutterstock

- CONTORNE AS FOTOS DOS ALIMENTOS DE QUE VOCÊ GOSTA.
- AGORA, MARQUE ✕ NA FOTO EM QUE APARECE UM ANIMAL QUE VOA.

E AGORA, VAI DAR QUE COR?

SOFIA E BRUNO FIZERAM OUTRA EXPERIÊNCIA. COM GIZ DE CERA, PINTARAM OUTRO DESENHO, MISTURANDO A COR **VERMELHA** COM A COR **AMARELA**. QUE COR SERÁ QUE DEU?

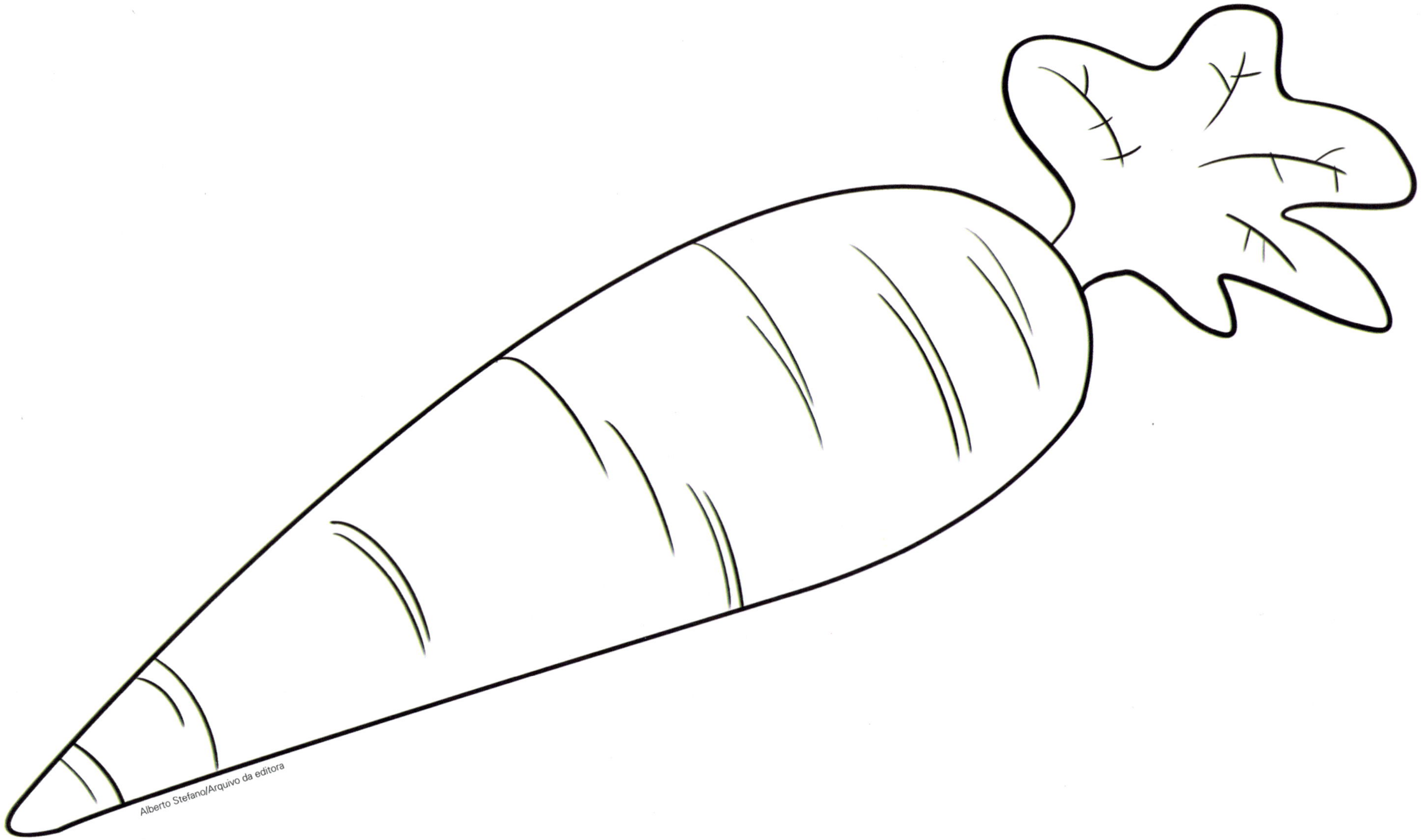

Alberto Stefano/Arquivo da editora

- PINTE A CENOURA MISTURANDO A COR **VERMELHA** COM A COR **AMARELA** E VEJA A COR QUE VAI APARECER.

VAMOS PESQUISAR PREFERÊNCIA DE LEGUMES

VAMOS FAZER UMA PESQUISA PARA DESCOBRIR QUAL É O LEGUME FAVORITO DOS COLEGAS?

- PERGUNTE A 6 COLEGAS DE QUAL LEGUME ELES MAIS GOSTAM: CENOURA, BETERRABA, BERINJELA OU PIMENTÃO? CADA COLEGA DEVE ESCOLHER APENAS UM LEGUME E VOTAR UMA VEZ.
- PARA REPRESENTAR CADA RESPOSTA DOS COLEGAS, PINTE 1 QUADRINHO DOS QUE ESTÃO NA COLUNA ACIMA DA FOTO QUE MOSTRA O LEGUME VOTADO.
- MARQUE ✕ NO LEGUME MAIS VOTADO.
- CONTORNE O LEGUME MENOS VOTADO.

Ines Behrens-Kunkel/ Shutterstock

Valentina Razumova/ Shutterstock

Danny Smythe/ Shutterstock

Kenishirotie/ Shutterstock

A COR ROXA NA NATUREZA

MANUELA GOSTA MUITO DA COR **ROXA**. OBSERVE ONDE HÁ A COR **ROXA** NA NATUREZA.

Tetxu/Shutterstock

Anna Kucherova/Shutterstock

Tatiana Makotra/Shutterstock

Dionisvera/Shutterstock

Osipovfoto/Shutterstock

Tamara Kulikova/Shutterstock

- CONTORNE COM LÁPIS **ROXO** AS IMAGENS DO QUE VOCÊ JÁ CONHECIA.
- MARQUE ✕ EM CADA UMA DAS FRUTAS QUE APARECEM ACIMA.

VAMOS DESCOBRIR UMA NOVA COR?

SOFIA E BRUNO FIZERAM UMA TERCEIRA EXPERIÊNCIA. COM GIZ DE CERA, PINTARAM MAIS UM DESENHO, MISTURANDO A COR **AZUL** COM A COR **VERMELHA**. QUE COR SERÁ QUE DEU?

- PINTE O CACHO DE UVAS MISTURANDO A COR **AZUL** COM A COR **VERMELHA** E VEJA A COR QUE VAI APARECER.

COR FAVORITA

A PROFESSORA PERGUNTOU PARA SOFIA, BETO, MANUELA, CAUÃ, BRUNO, LIA E ANA QUAL ERA A COR FAVORITA DE CADA UM DELES: **VERMELHO**, **AZUL** OU **AMARELO**?

AS RESPOSTAS FORAM COLOCADAS EM TRÊS LINHAS. CADA QUADRINHO REPRESENTA UM VOTO.

Alberto Stefano/Arquivo da editora

- QUAL COR FOI MAIS ESCOLHIDA? PINTE AQUI.
- QUAL COR FOI MENOS ESCOLHIDA? PINTE AQUI.
- QUANTOS VOTOS TEVE A COR **AZUL**?
- ESCREVA O NÚMERO QUE INDICA A QUANTIDADE TOTAL DE VOTOS.
- QUANTOS VOTOS A COR **AZUL** RECEBEU A MAIS QUE A COR **AMARELA**?

CORES NAS FIGURAS

CAUÃ GOSTA MUITO DE PINTAR. VAMOS PINTAR TAMBÉM?

- PINTE OS QUADRADOS DE **AZUL**.
- PINTE OS CÍRCULOS DE **VERMELHO**.
- PINTE OS TRIÂNGULOS DE **AMARELO**.
- PINTE OS RETÂNGULOS DE **VERDE**.

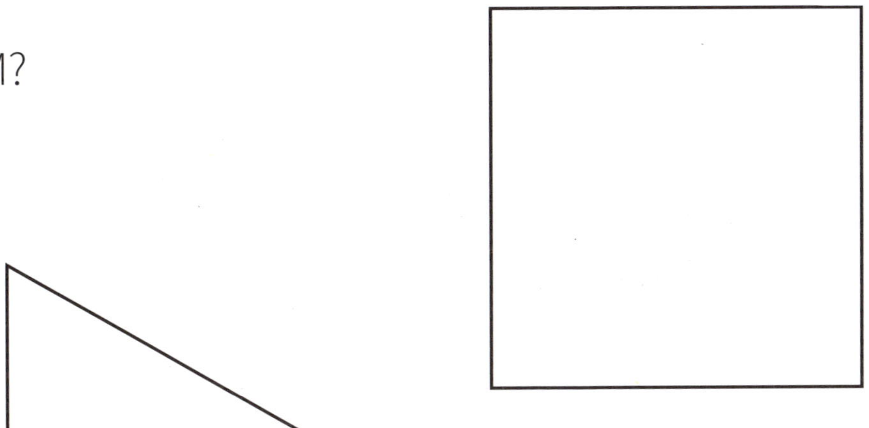

SUGESTÃO DE LIVRO

CLACT... CLACT... CLACT..., DE LILIANA E MICHELE IACOCCA. SÃO PAULO: ÁTICA, 2015.

CADÊ O GELO QUE ESTAVA AQUI?

VOCÊ SABE COMO PODEMOS FAZER GELO? ACOMPANHE A SEQUÊNCIA DE CENAS A SEGUIR.

Fotos: Fernando Favoretto/Criar Imagens

• QUAL MUDANÇA OCORREU COM A ÁGUA NESSAS CENAS?

AGORA, VAMOS VER COMO PODEMOS FAZER O GELO SUMIR. ACOMPANHE ESTA OUTRA SEQUÊNCIA DE CENAS.

Fernando Favoretto/Criar Imagens

• QUAL MUDANÇA OCORREU COM O GELO NESSAS CENAS?

QUAL É MAIS LEVE? QUAL É MAIS PESADO?

SOFIA E LIA FORAM PASSEAR NO ZOOLÓGICO E VIRAM MUITOS ANIMAIS.

- CONTORNE O ANIMAL MAIS LEVE.

Eric Isselee/Shutterstock

Four Oaks/Shutterstock

- MARQUE ✕ NO ANIMAL MAIS PESADO.

lalito/Shutterstock

Eric Isselee/Shutterstock

DURO OU MOLE?

A MÃE DE SOFIA VAI PREPARAR O ALMOÇO. ELA TEM SOBRE A PIA ALFACE E CHUCHU. OBSERVE E FAÇA O QUE SE PEDE.

- MARQUE ✕ NO ALIMENTO QUE É DURO.
- CONTORNE O ALIMENTO QUE É MOLE.

Jiang Hongyan/Shutterstock

Maceofoto/Shutterstock

A MÃE DE SOFIA COLOCOU O CHUCHU EM UMA PANELA PARA COZINHAR.

- DEPOIS DE COZIDO, O CHUCHU VAI CONTINUAR DURO OU ELE FICA MOLE?

Fernando Favoretto/Criar Imagens

Alberto Stefano/Arquivo da editora

NOSSAS PERNAS

O FIM DE SEMANA DE BRUNO FOI DIVERTIDO. ELE FOI À PRAIA COM A FAMÍLIA. E VOCÊ: ALGUMA VEZ JÁ FOI À PRAIA?

Alberto Stefano/Arquivo da editora

- CONTORNE DE **LARANJA** A PARTE MAIS GROSSA DAS PERNAS DE BRUNO.
- CONTORNE DE **VERDE** A PARTE MAIS FINA DAS PERNAS DE BRUNO.
- COMO É CHAMADA A PARTE MAIS GROSSA DAS PERNAS?

NOSSOS DEDOS

VAMOS CONTAR OS DEDOS DOS NOSSOS PÉS?

- CONTORNE A SOLA DE UM DE SEUS PÉS NO ESPAÇO A SEGUIR NESTA PÁGINA.

- QUANTOS DEDOS VOCÊ TEM EM CADA PÉ? ☐

- AGORA, CONTE QUANTOS DEDOS VOCÊ TEM NOS DOIS PÉS JUNTOS. ☐

O AQUÁRIO DE BRUNO

BRUNO TEM ANIMAIS DE ESTIMAÇÃO EM CASA. ELE TEM UM AQUÁRIO COM 3 PEIXES.

Alberto Stefano/Arquivo da editora

- CONTORNE O PEIXE MAIS COMPRIDO.
- MARQUE ✕ NO PEIXE MAIS CURTO.

JOGO DA MEMÓRIA

MATERIAL DE APOIO

REGRAS

1. DESTAQUE AS CARTAS DA **PÁGINA 19**.
2. EMBARALHE E COLOQUE TODAS SOBRE A MESA COM OS DESENHOS VIRADOS PARA BAIXO.
3. JOGUE UM DADO. QUEM SORTEAR O MENOR NÚMERO COMEÇA A PARTIDA.
4. DESVIRE DUAS CARTAS. SE EM UMA TIVER UM GRUPO DE ANIMAIS E NA OUTRA APENAS UM ANIMAL, TODOS DA MESMA ESPÉCIE (POR EXEMPLO, TODOS GATOS), O PARTICIPANTE FICA COM AS DUAS CARTAS.
5. SE, AO VIRAR AS DUAS CARTAS, NELAS NÃO TIVER ANIMAIS TODOS DA MESMA ESPÉCIE, O PARTICIPANTE DEVOLVE AS DUAS CARTAS COM OS DESENHOS VIRADOS PARA BAIXO, NO MESMO LUGAR EM QUE ESTAVAM, E PASSA A VEZ PARA OUTRO JOGADOR.
6. GANHA O JOGO QUEM TIVER MAIS CARTAS.

Ilustrações: Alberto Stefano/Arquivo da editora

SEQUÊNCIA DOS NÚMEROS DE 0 A 10

O VARAL DE NÚMEROS DA SALA DE AULA QUEBROU! VAMOS AJUDAR CAUÃ A DESCOBRIR O NÚMERO QUE FALTA EM CADA CASO?

- ESCREVA O NÚMERO QUE VEM ANTES DE CADA UM QUE APARECE NAS BANDEIRINHAS A SEGUIR.

- AGORA, ESCREVA O NÚMERO QUE VEM DEPOIS.

- ESCREVA O NÚMERO QUE FALTA ENTRE OS OUTROS DOIS EM CADA SEQUÊNCIA A SEGUIR.

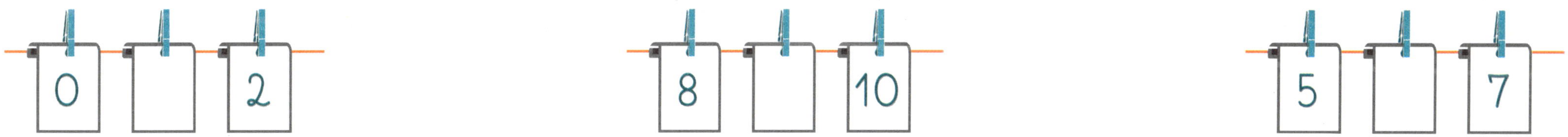

- ESCREVA OS NÚMEROS QUE FALTAM NA SEQUÊNCIA DOS NÚMEROS DE 0 A 10.

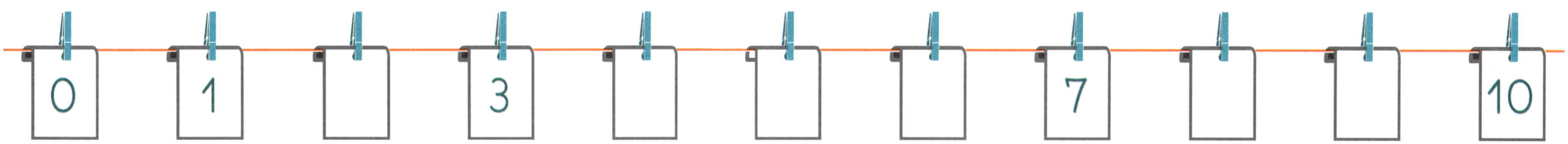

NÚMEROS 10, 11 E 12. VAMOS CONTAR FLORES?

MANUELA QUER CONTAR AS FLORES. VAMOS AJUDÁ-LA?

- CONTE EM VOZ ALTA A QUANTIDADE DE FLORES QUE TEM EM CADA GRUPO. APONTE PARA CADA FLOR ENQUANTO CONTA.

10 ROSAS
DEZ

11 CRAVOS
ONZE

Alberto Stefano/Arquivo da editora

12 MARGARIDAS
DOZE

VAMOS CONTAR FRUTAS?

ANA CONTOU AS FRUTAS QUE TEM EM CADA GRUPO.

- CONTE VOCÊ TAMBÉM. APONTE PARA CADA FRUTA ENQUANTO CONTA.
- LIGUE CADA GRUPO AO NÚMERO QUE INDICA A QUANTIDADE DE FRUTAS QUE HÁ EM CADA UM.

Coprid/Shutterstock

Gresei/Shutterstock

Ian 2010/Shutterstock

Tim UR/Shutterstock

9 | 10 | 11 | 12

VAMOS CONTAR ANIMAIS?

AS CRIANÇAS REGISTRARAM, DE MANEIRAS DIFERENTES, A QUANTIDADE DE ANIMAIS QUE CONTARAM NOS GRUPOS SEGUINTES.

SOFIA USOU BOLINHAS.

CAUÃ REGISTROU COM TRACINHOS.

BRUNO ESCREVEU O NÚMERO.

● ● ● ● ● ● ● ● ● ●	● ● ● ● ● ● ● ● ● ● ●	● ● ● ● ● ● ● ● ● ● ● ●

Alberto Stefano/Arquivo da editora

10	11	12

• CONTORNE O QUADRO QUE INDICA A QUANTIDADE CORRETA DE ANIMAIS EM CADA GRUPO.

DEPOIS DO 12 VÊM 13, 14 E 15. VAMOS CONTAR?

ANA TAMBÉM VAI CONTAR ANIMAIS. VAMOS AJUDÁ-LA?

- CONTE EM VOZ ALTA A QUANTIDADE DE ANIMAIS QUE TEM EM CADA GRUPO. APONTE PARA CADA ANIMAL ENQUANTO CONTA.

13 BORBOLETAS
TREZE

14 ABELHAS
CATORZE

15 JOANINHAS
QUINZE

Alberto Stefano/Arquivo da editora

SOFIA GOSTA DE CONTAR

SOFIA TAMBÉM GOSTA DE CONTAR. ELA QUER LIGAR OS PONTOS AOS NÚMEROS. VAMOS AJUDÁ-LA?

- CONTE OS PONTOS DE CADA CARTELA.
- LIGUE CADA CARTELA AO NÚMERO QUE INDICA A QUANTIDADE DE PONTOS QUE HÁ NELA.

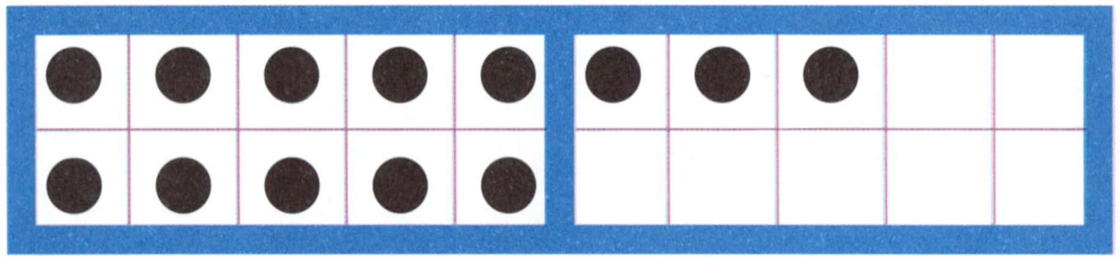

14

15

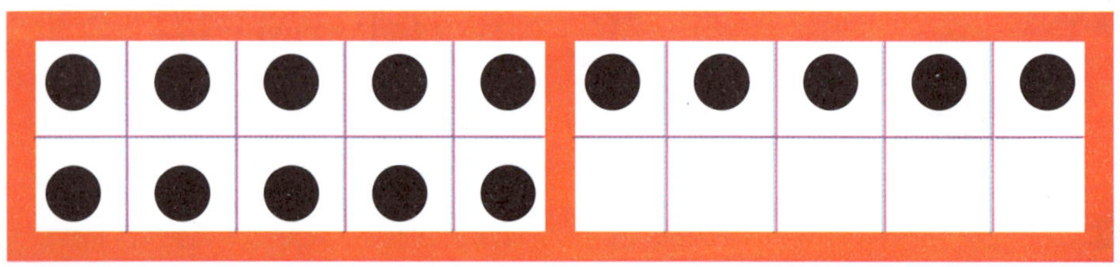

13

Alberto Stefano/Arquivo da editora

TRILHA

REGRAS

1. REÚNA-SE COM UM COLEGA E FAÇAM UM SORTEIO PARA VER QUEM COMEÇA.
2. CADA PARTICIPANTE JOGA O DADO E CONTA QUANTAS CASAS VAI DESLOCAR SEU MARCADOR NO TABULEIRO.
3. SE PARAR EM UMA CASA DE COR **VERDE**, AVANÇA 1 CASA.
4. SE PARAR EM UMA CASA DE COR **LARANJA**, AVANÇA 2 CASAS.
5. SE PARAR EM UMA CASA DE COR **ROXA**, VOLTA 2 CASAS.
6. GANHA O JOGO QUEM ALCANÇAR PRIMEIRO A CHEGADA.

Alberto Stefano/Arquivo da editora

DEPOIS DO 15 VÊM 16, 17, 18, 19 E 20

- CONTE EM VOZ ALTA OS PONTOS DE CADA CARTELA. APONTE PARA CADA PONTO ENQUANTO CONTA.

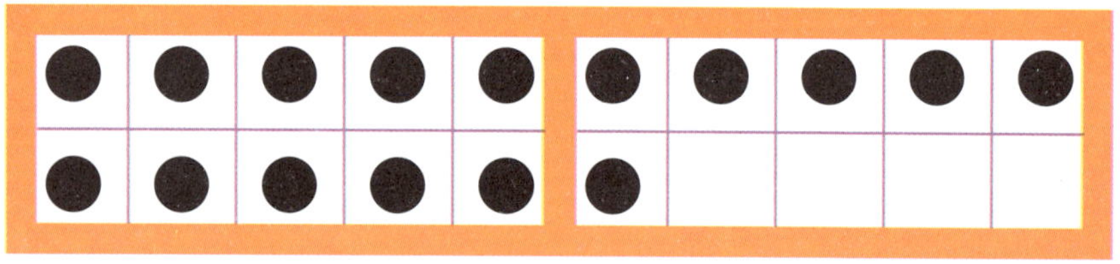

16

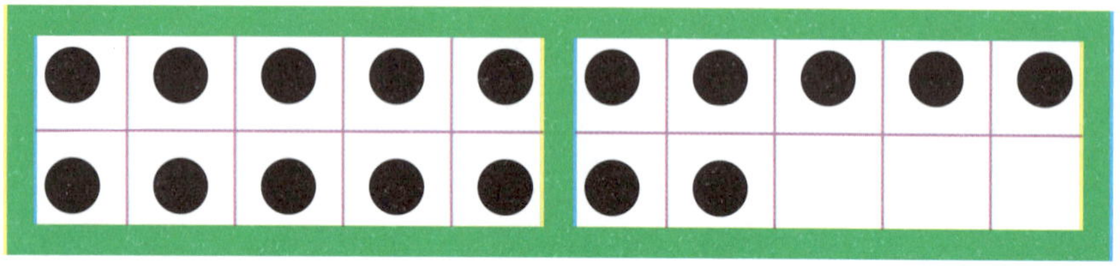

17

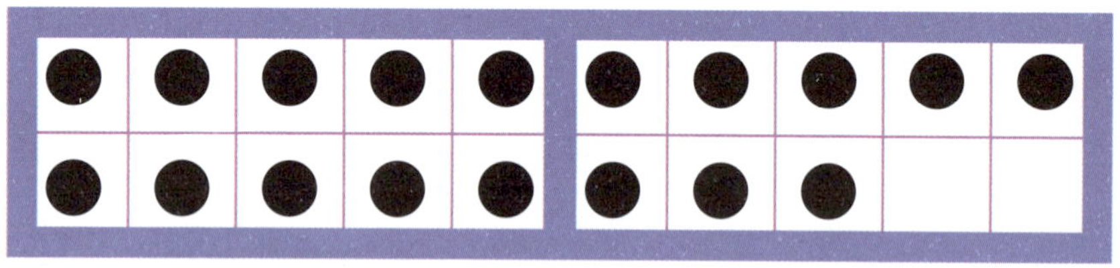

18

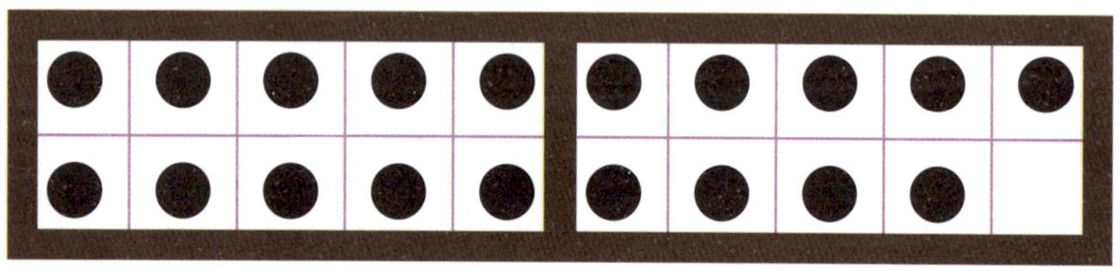

19

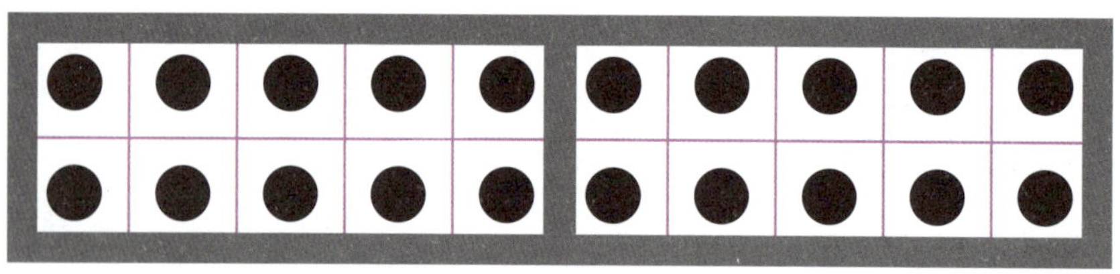

20

- OBSERVE LIA E CONTE QUANTOS DEDOS ELA TEM NAS DUAS MÃOS E NOS DOIS PÉS JUNTOS.

Alberto Stefano/Arquivo da editora

- CONTORNE O NÚMERO QUE INDICA A QUANTIDADE DE DEDOS QUE VOCÊ CONTOU.

18 19 20

NÚMEROS 11 A 20

- CONTE OS PONTOS DE CADA CARTELA. DIGA A QUANTIDADE ENCONTRADA. DEPOIS, CUBRA OS NÚMEROS SEGUINDO AS SETAS.

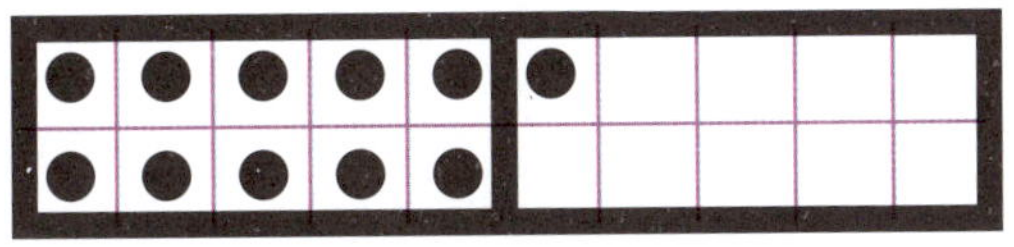
ONZE
11

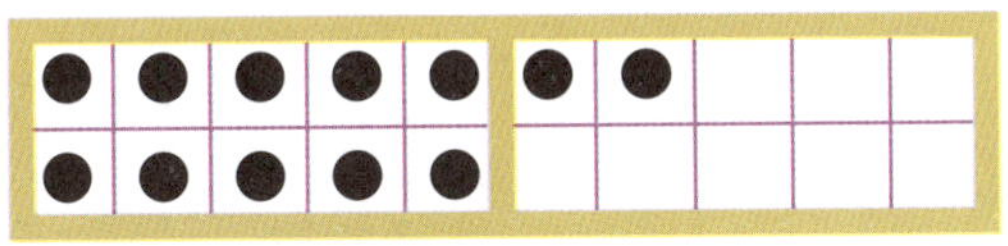
DOZE
12

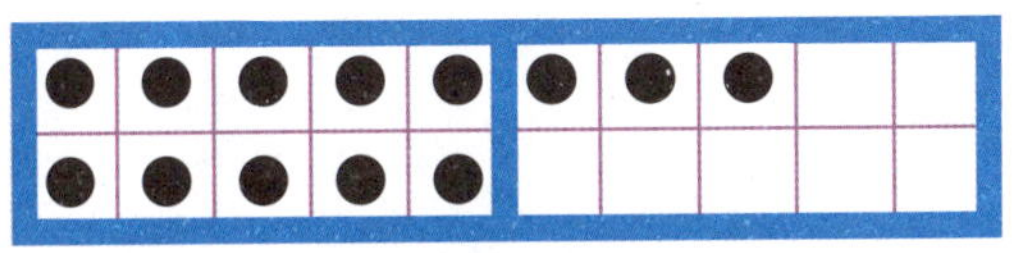
TREZE
13

CATORZE
14

QUINZE
15

DEZESSEIS
16

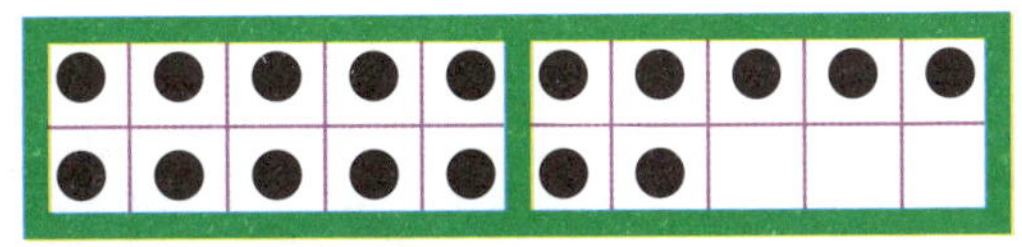
DEZESSETE
17

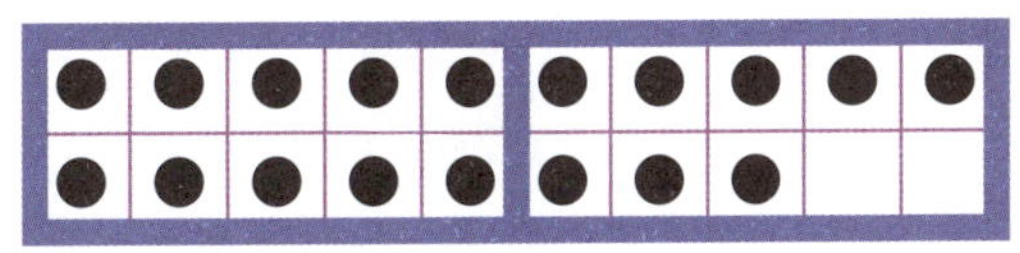
DEZOITO
18

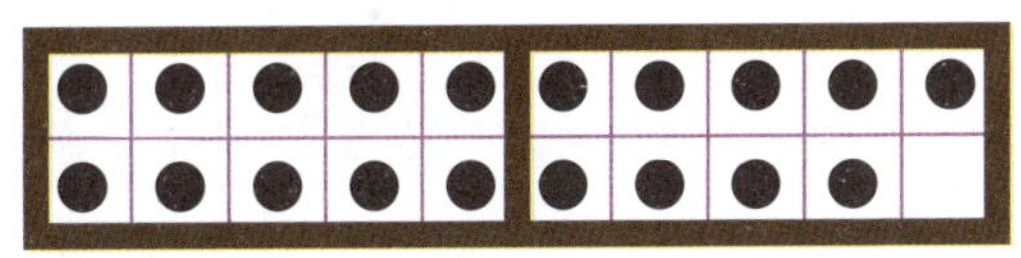
DEZENOVE
19

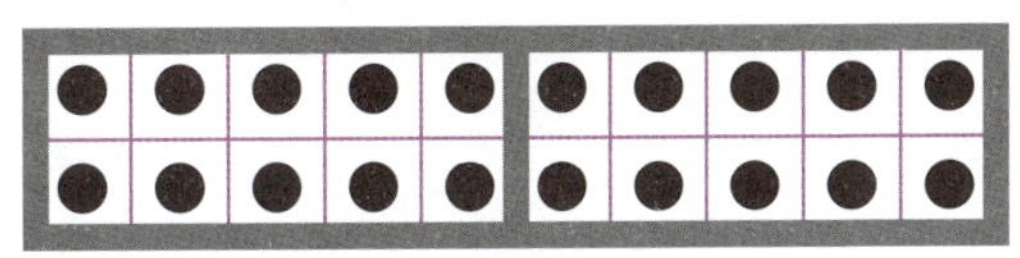
VINTE
20

MAIS FLORES, ANIMAIS E FRUTAS: VAMOS CONTAR?

- CONTE AS FLORES, OS ANIMAIS E AS FRUTAS DE CADA GRUPO.
- ESCREVA O NÚMERO QUE INDICA A QUANTIDADE DE ELEMENTOS QUE HÁ EM CADA GRUPO.

Alberto Stefano/Arquivo da editora

SEQUÊNCIA DOS NÚMEROS DE 0 A 20

OBSERVE A SEQUÊNCIA DOS NÚMEROS DE 0 A 20.

- LIGUE OS PONTOS SEGUINDO A SEQUÊNCIA DOS NÚMEROS DE 0 A 20 E DESCUBRA OS ANIMAIS QUE VÃO APARECER. DEPOIS, PINTE OS DESENHOS.

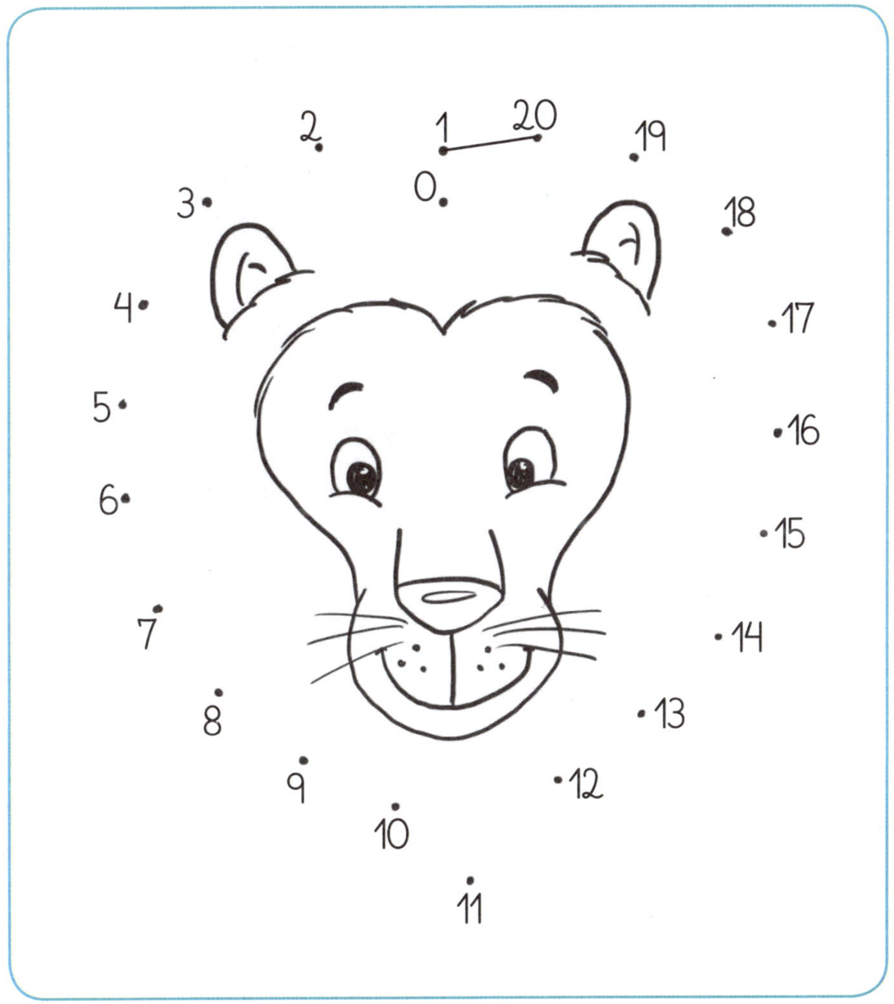

Alberto Stefano/Arquivo da editora

JOGO DAS FRUTAS

REGRAS

1. COM O AUXÍLIO DE UM LÁPIS E UM CLIPE, CADA PARTICIPANTE DEVE SORTEAR UMA FRUTA NA ROLETA AO LADO, DEIXANDO A PONTA DO LÁPIS SOBRE O ✕.
2. VERIFIQUE QUANTOS PONTOS VALE A FRUTA SORTEADA.
3. MARQUE ✕ NOS QUADRINHOS ABAIXO DA ROLETA PARA REPRESENTAR CADA PONTO OBTIDO.
4. VENCE O JOGO QUEM COMPLETAR PRIMEIRO OS QUADRINHOS DE PONTOS.

Alberto Stefano/Arquivo da editora

PONTOS

	VALE 2 PONTOS.
	VALE 1 PONTO.
	VALE 1 PONTO.
	VALE 2 PONTOS.
	VALE 1 PONTO.
	NÃO VALE PONTO.

UNIDADE 4

PASSEIOS E BRINCADEIRAS

Alberto Stefano/Arquivo da editora

DE QUAIS BRINCADEIRAS VOCÊ MAIS GOSTA? COMO VOCÊ SE SENTE QUANDO ESTÁ BRINCANDO?

PASSEIO DEPOIS DE BRINCAR NO PARQUE

DEPOIS DE BRINCAR NO PARQUE, SOFIA FOI PASSEAR E TOMAR SORVETE COM A MÃE DELA.

Alberto Stefano/Arquivo da editora

- CONTORNE COM GIZ DE CERA **ROXO** QUEM É A MAIS ALTA DAS DUAS.
- CONTORNE COM LÁPIS DE COR **VERDE** QUEM É A MAIS BAIXA.

BRINCANDO COM CUBOS

ANA, BETO E SOFIA ESTÃO BRINCANDO COM CUBOS.

Alberto Stefano/Arquivo da editora

- PINTE OS QUADRINHOS DE CADA LINHA DE ACORDO COM A QUANTIDADE DE CUBOS COM QUE CADA CRIANÇA ESTÁ BRINCANDO. CADA QUADRINHO QUE VOCÊ PINTAR REPRESENTA UM CUBO.
- MARQUE ✕ NA CRIANÇA QUE TEM MAIS CUBOS.
- CONTORNE A CRIANÇA QUE TEM MENOS CUBOS.
- QUANTOS CUBOS ANA TEM A MAIS DO QUE SOFIA?

Alberto Stefano/Arquivo da editora

TRILHA DO SAPO

REGRAS

1. O PROFESSOR VAI FAZER UM SORTEIO PARA VER QUEM COMEÇA O JOGO.
2. NA SUA VEZ, CADA PARTICIPANTE JOGA O DADO E CONTA QUANTAS CASAS VAI DESLOCAR SEU MARCADOR NO TABULEIRO.
3. SE PARAR EM UMA CASA COM UM SAPO, O PARTICIPANTE DEVE VOLTAR 1 CASA.
4. GANHA O JOGO QUEM ALCANÇAR PRIMEIRO A CHEGADA.

BRINQUEDOS DE BETO

ESTES SÃO ALGUNS DOS BRINQUEDOS DE BETO.

Ilustrações: Alberto Stefano/
Arquivo da editora

- AGRUPE, COM UMA LINHA, OS BRINQUEDOS QUE REPRESENTAM MEIOS DE TRANSPORTE.
- QUANTOS BRINQUEDOS REPRESENTAM MEIOS DE TRANSPORTE? ☐
- MARQUE ✕ NO BRINQUEDO QUE FICOU FORA DESSE GRUPO.

ORGANIZAR É IMPORTANTE

DEPOIS DE BRINCAR, CAUÃ GUARDA CADA BRINQUEDO NO LUGAR.
VOCÊ COSTUMA ORGANIZAR SEUS BRINQUEDOS?

MATERIAL DE APOIO

VEÍCULOS	ANIMAIS

- DESTAQUE AS IMAGENS DE VEÍCULOS E ANIMAIS DA **PÁGINA 21**.
- COLE AS IMAGENS DE VEÍCULOS NO ESPAÇO DO QUADRO **VERDE**.
- COLE AS IMAGENS DE ANIMAIS NO ESPAÇO DO QUADRO **LARANJA**.

BRINCANDO DE CARRINHO

A CORRIDA ESTÁ TERMINANDO. VEJA A POSIÇÃO DE CADA CARRO.

Alberto Stefano/Arquivo da editora

- OS COMPETIDORES VÃO SUBIR NO PÓDIO. PINTE CADA QUADRINHO COM A COR DO CARRO, SEGUINDO A ORDEM DE CHEGADA DELES.

Alberto Stefano/Arquivo da editora

O QUE TEM MAIS?

OS MENINOS VÃO BRINCAR DE JOGAR PETECA.

- LIGUE CADA MENINO A APENAS UMA PETECA.

Alberto Stefano/
Arquivo da editora

- QUANTOS SÃO OS MENINOS? ☐
- QUANTAS SÃO AS PETECAS? ☐
- O QUE TEM MAIS: MENINOS OU PETECAS? EXPLIQUE COMO VOCÊ PENSOU PARA RESPONDER.
- PINTE O GRUPO QUE TEM MAIS ELEMENTOS.

O QUE TEM MENOS?

AS MENINAS VÃO BRINCAR DE JOGAR BOLA.

- LIGUE CADA MENINA A APENAS UMA BOLA.

Alberto Stefano/Arquivo da editora

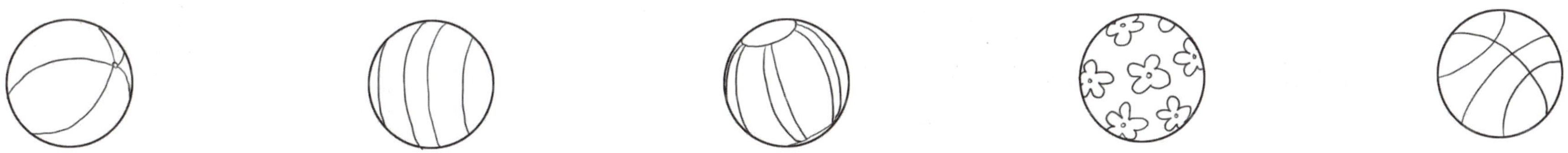

- QUANTAS SÃO AS MENINAS?
- QUANTAS SÃO AS BOLAS?
- O QUE TEM MENOS: MENINAS OU BOLAS? EXPLIQUE COMO VOCÊ PENSOU PARA RESPONDER.
- PINTE O GRUPO QUE TEM MAIS ELEMENTOS.

BOTÕES NAS BRINCADEIRAS

LIA E MANUELA USAM BOTÕES COMO MARCADORES EM JOGOS DE TABULEIROS. VEJA OS BOTÕES QUE ELAS COSTUMAM USAR.

Alberto Stefano/Arquivo da editora

- CONTORNE COM GIZ DE CERA **ROXO** TODOS OS BOTÕES TRIANGULARES.
- MARQUE ✕ NOS BOTÕES **VERDES**.
- MARQUE ○ NOS BOTÕES PEQUENOS.
- QUANTOS SÃO OS BOTÕES PEQUENOS? ☐

BRINCANDO COM FORMATOS

CAUÃ E BRUNO ESTÃO BRINCANDO DE DESCOBRIR O FORMATO QUE CADA BRINQUEDO LEMBRA. VAMOS BRINCAR TAMBÉM?

- EM CADA LINHA, CONTORNE A FIGURA GEOMÉTRICA QUE CADA BRINQUEDO LEMBRA.

Fernando Favoretto/Criar Imagem

Richard Peterson/Shutterstock

Denis Kovin/Shutterstock

Liliana Akstein/Shutterstock

BETO GOSTA DE BRINCAR COM ROBÔS

E VOCÊ, TAMBÉM GOSTA?
VAMOS PINTAR ESTE ROBÔ.

- PINTE DE **VERDE** CADA .
- PINTE DE **VERMELHO** CADA .
- PINTE DE **AZUL** O .
- PINTE DE **LARANJA** O .
- QUANTOS  VOCÊ PINTOU?

Alberto Stefano/Arquivo da editora

ROLA OU NÃO ROLA?

VEJA OS OBJETOS COM QUE MANUELA E BRUNO ESTÃO BRINCANDO.

Alberto Stefano/Arquivo da editora

- MARQUE X NO OBJETO QUE LEMBRA O FORMATO DE 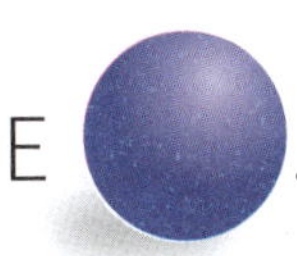.
- CONTORNE COM LÁPIS DE COR **VERMELHO** O OBJETO QUE LEMBRA O FORMATO DE .
- CONTORNE COM LÁPIS DE COR **ROXO** O OBJETO COM FORMATO ARREDONDADO.
- MARQUE O NO OBJETO COM FORMATO NÃO ARREDONDADO.

MAIS PERTO OU MAIS LONGE DO CHÃO

MANUELA, ANA, BETO E CAUÃ ESTÃO BRINCANDO NAS GANGORRAS.

Alberto Stefano/Arquivo da editora

EM CADA UMA DAS GANGORRAS:

- CONTORNE A CRIANÇA QUE ESTÁ MAIS PERTO DO CHÃO.
- MARQUE ✕ NA CRIANÇA QUE ESTÁ MAIS LONGE DO CHÃO.

BRINCANDO DE CARIMBAR

CAUÃ E BRUNO ESTÃO BRINCANDO DE PINTAR BLOCOS DE MADEIRA E CARIMBAR NO PAPEL.

- EM CADA LINHA, MARQUE ✕ NA FIGURA GEOMÉTRICA QUE ELES VÃO OBTER AO CARIMBAR NO PAPEL A PARTE PINTADA COM TINTA LARANJA EM CADA BLOCO.

Fernando Favoretto/Criar Imagens

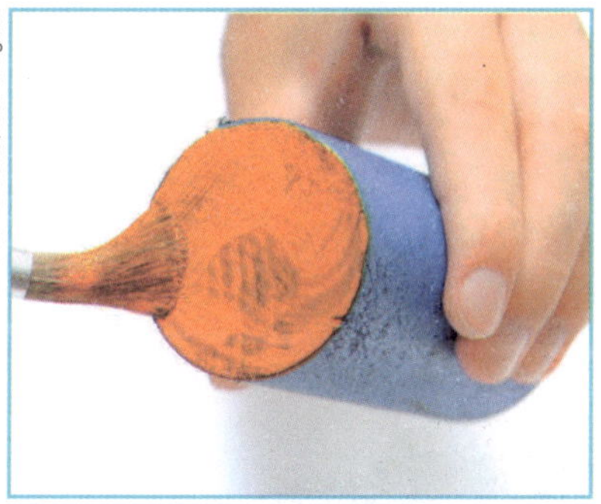

Fernando Favoretto/Criar Imagens

Fernando Favoretto/Criar Imagens

ARTE COM FIGURAS

ANA, BETO E SOFIA GOSTAM MUITO DE ARTE. ELES ESTÃO VENDO LIVROS DE ARTE.

MACIO DURO, DE KANDINSKY, 1927.

- QUANTOS TRIÂNGULOS HÁ NESSE QUADRO?

COMPARAR COMPRIMENTOS

MANUELA E BETO ESTÃO BRINCANDO.

OBSERVE OS BRINQUEDOS DELES E FAÇA O QUE SE PEDE.

- CONTORNE O TREM MAIS COMPRIDO.

- MARQUE ✕ NO ROBÔ QUE TEM OS BRAÇOS MAIS COMPRIDOS.

Beresnev/Shutterstock

- CONTORNE A BONECA QUE TEM CABELOS MAIS CURTOS.

Alberto Stefano/ Arquivo da editora

- MARQUE ✕ NO XILOFONE MAIS CURTO.

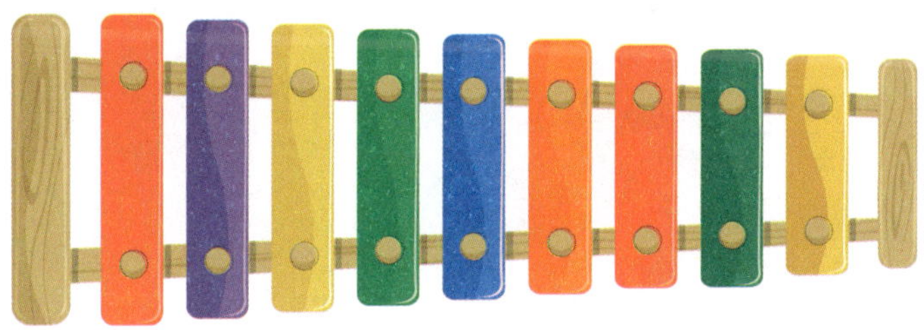

NPavelN/Shutterstock

Mix3r/Shutterstock

VAMOS AJUDAR AS CRIANÇAS

CAUÃ ESTAVA BRINCANDO COM LIA E BRUNO E A BOLA PAROU EM CIMA DA ÁRVORE.

O QUE VOCÊ FARIA PARA PEGAR A BOLA?

Alberto Stefano/Arquivo da editora

- PINTE A ESCADA MAIS ALTA.
- CONTORNE A VARA MAIS CURTA.

A TURMA NA LANCHONETE

MANUELA FOI COM A MÃE DELA E TODA A TURMA TOMAR SUCO NA LANCHONETE. LÁ, OS SUCOS ERAM SERVIDOS EM 3 TIPOS DE COPO:

GRANDE

MÉDIO

PEQUENO

VEJA COMO FORAM AS ESCOLHAS:

BRUNO

BETO

ANA

CAUÃ

SOFIA

MANUELA

LIA

MÃE DE MANUELA

- PARA REPRESENTAR CADA ESCOLHA DE TIPO DE COPO, PINTE 1 QUADRINHO.

- MARQUE ✕ NO TIPO DE COPO MAIS ESCOLHIDO.
- MARQUE ○ NO TIPO DE COPO MENOS ESCOLHIDO.

ANTES, DURANTE E DEPOIS

UMA BORBOLETA COLOCA OVOS NA FOLHA DE UMA PLANTA.
ESSES OVOS SE ROMPEM E DELES SAEM LARVAS.
CADA UMA DAS LARVAS SE FECHA EM UM CASULO.
POR FIM, DO CASULO SAI UMA LINDA BORBOLETA.

- OBSERVE A SEQUÊNCIA DE IMAGENS A SEGUIR E MARQUE X NO QUE ACONTECE ANTES DO CASULO.
- MARQUE O NO QUE OCORRE DEPOIS DO CASULO.

OVOS

LAGARTA

CASULO

BORBOLETA

Macrovector/Shutterstock

JOGO DAS COMPARAÇÕES

REGRAS

1. EM CADA RODADA UM DOS PARTICIPANTES DEVE ESCOLHER UMA LINHA DO QUADRO AO LADO. EM SEGUIDA, JOGA O DADO PARA DEFINIR A FIGURA DELE.
2. O OUTRO PARTICIPANTE FICA COM A OUTRA FIGURA.
3. OS DOIS COMPARAM AS FIGURAS CONSIDERANDO A MEDIDA INDICADA. QUEM TIVER A FIGURA COM A MEDIDA MAIOR MARCA ✖✖ PONTOS E O OUTRO MARCA ✖.
4. VENCE QUEM MARCAR MAIS PONTOS APÓS AS 4 RODADAS.

	⚀ ⚁ ⚂	⚃ ⚄ ⚅
ALTO/BAIXO		
PESADO/LEVE		
CABE MAIS/ CABE MENOS		
COMPRIDO/ CURTO		
	TOTAL DE PONTOS: ______	

Ilustrações: Alberto Stefano/Arquivo da editora

VAMOS MONTAR UM LIVRO DE RECEITAS?

VOCÊ SABE PARA QUE SERVE UMA RECEITA? VOCÊ JÁ FEZ ALGUMA COM UM ADULTO?

PÃOZINHO

INGREDIENTES

- 3 XÍCARAS (DE CHÁ) DE FARINHA DE TRIGO
- 1 COLHER (DE SOPA) DE AÇÚCAR
- 1 COLHER (DE CHÁ) DE SAL
- 1 COLHER (DE SOPA) DE FERMENTO EM PÓ

- 3 COLHERES (DE SOPA) DE MANTEIGA
- 1 OVO
- 1 XÍCARA (DE CHÁ) DE LEITE
- 1 GEMA

MODO DE PREPARO

COLOQUE EM UMA TIGELA A FARINHA, O AÇÚCAR, O SAL E O FERMENTO. MISTURE TUDO.

ABRA UM BURACO NO MEIO DA MISTURA. COLOQUE A MANTEIGA, O OVO E O LEITE. MISTURE PRIMEIRO COM UM GARFO E DEPOIS COM AS MÃOS ATÉ FORMAR UMA BOLA.

RETIRE PEQUENOS PEDAÇOS DE MASSA COM UMA COLHER E FAÇA BOLINHAS.

COLOQUE EM UMA FÔRMA UNTADA E ENFARINHADA. PINCELE CADA PÃOZINHO COM A GEMA BATIDA.

DEIXE ESPAÇO ENTRE AS BOLINHAS NA FÔRMA, POIS ELAS CRESCEM.
UM ADULTO LEVA AO FORNO E DEIXA ASSAR ATÉ DOURAR.

NÚMEROS NO RELÓGIO

OS NÚMEROS QUE VEMOS NOS RELÓGIOS INDICAM AS HORAS.

Alberto Stefano/Arquivo da editora

NO RELÓGIO ACIMA, FAÇA O QUE SE PEDE A SEGUIR.

- COMPLETE OS QUADRINHOS COM OS NÚMEROS QUE ESTÃO FALTANDO.
- CONTORNE OS NÚMEROS 10, 11 E 12.

FUTEBOL, UMA PAIXÃO NACIONAL

BRUNO E MANUELA GOSTAM MUITO DE FUTEBOL. E VOCÊ, TAMBÉM GOSTA?
NA FOTO ABAIXO, VOCÊ VÊ A SELEÇÃO BRASILEIRA NA COPA DO MUNDO DE FUTEBOL FEMININO, EM JUNHO DE 2019, NA FRANÇA.

Richard Callis/Fotoarena

- QUANTOS JOGADORES FORMAM UM TIME DE FUTEBOL DE CAMPO? CONTE NA FOTO E PINTE O QUADRINHO COM O NÚMERO QUE INDICA ESSA QUANTIDADE.

10	11	12

UMA OBRA DE ARTE

LIA FOI COM OS PAIS DELA E TODOS OS AMIGOS DA TURMA VISITAR UMA EXPOSIÇÃO DE ARTE. OBSERVE ESTA PINTURA DA ARTISTA ANA MARIA DIAS.

QUINTAL DA VOVÓ, DE ANA MARIA DIAS, 2017.

- QUANTOS CACHORROS HÁ NESSA PINTURA?
- E QUANTAS PESSOAS?

MAIS BRINQUEDOS DE BETO

VIMOS ANTERIORMENTE ALGUNS BRINQUEDOS DE BETO. ESTES SÃO MAIS ALGUNS DOS BRINQUEDOS DELE.

Alberto Stefano/Arquivo da editora

- PINTE 1 QUADRINHO DOS QUE ESTÃO NA COLUNA ACIMA DA IMAGEM DE CADA BRINQUEDO PARA REPRESENTAR A QUANTIDADE QUE BETO TEM DE CADA UM. CADA QUADRINHO QUE VOCÊ COLORIR REPRESENTA 1 BRINQUEDO.
- AGORA, RESPONDA: QUANTAS BOLAS BETO TEM? E PIÕES? E PETECAS?
- BETO TEM MAIS PIÕES OU MAIS BOLAS?

Alberto Stefano/Arquivo da editora

LIA GOSTA DE DESENHAR

E VOCÊ, TAMBÉM GOSTA DE DESENHAR? AGORA, VAMOS DESENHAR E PINTAR.

- DESENHE 15 BOLAS.

Alberto Stefano/Arquivo da editora

- PINTE 10 BOLAS DE **VERMELHO** E AS RESTANTES DE **AZUL**.
- QUANTAS BOLAS VOCÊ PINTOU DE **AZUL**? ☐

NÚMEROS NO DINHEIRO

OBSERVE AS NOTAS E A MOEDA QUE SOBRARAM NA CARTEIRA DA MÃE DE ANA DEPOIS DE ELAS TEREM IDO AO CINEMA E TOMADO LANCHE.

FOTOS: REPRODUÇÃO/CASA DA MOEDA DO BRASIL/MINISTÉRIO DA FAZENDA

- CONTORNE NO VARALZINHO OS NÚMEROS QUE APARECEM NA MOEDA E NAS NOTAS ACIMA.

PASSEIO NO CIRCO

SOFIA FOI COM OS PAIS DELA A UM PASSEIO NO CIRCO.
OBSERVE COM ATENÇÃO AS CENAS.

Ilustrações: Alberto Stefano/Arquivo da editora

OUÇA AS PERGUNTAS DO PROFESSOR E DIGA AS RESPOSTAS.

- O PALHAÇO ESTÁ DE LADO, DE FRENTE OU DE COSTAS PARA VOCÊ?
- E A BAILARINA?
- E O EQUILIBRISTA?
- O EQUILIBRISTA ESTÁ EM CIMA OU EMBAIXO DO FIO?
- QUANTOS PÉS O EQUILIBRISTA ESTÁ APOIANDO NO FIO?
- QUANTOS PÉS A BAILARINA ESTÁ APOIANDO NO CHÃO?
- O PALHAÇO ESTÁ MAIS PERTO DO EQUILIBRISTA OU DA BAILARINA?

CAUÃ GOSTA DE CONTAR

ALÉM DE BRINCAR, CAUÃ GOSTA DE CONTAR. ELE QUER LIGAR OS PONTOS AOS NÚMEROS. VAMOS AJUDÁ-LO?

- CONTE OS PONTOS DE CADA CARTELA.
- LIGUE CADA CARTELA AO NÚMERO QUE INDICA A QUANTIDADE DE PONTOS QUE ELA TEM.

12

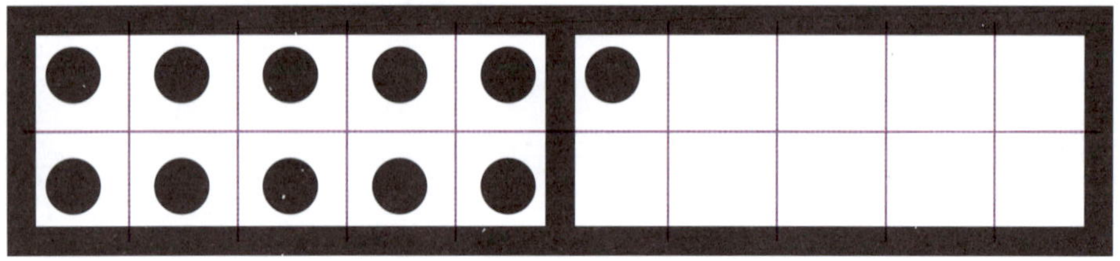

11

10

NÚMEROS 1 A 20

- COMPLETE OS NÚMEROS QUE FALTAM NAS SEQUÊNCIAS NUMÉRICAS A SEGUIR.

1	2	3	4	5	6	7	8	9	10
11	12	13				17			20

1		3		5		7		9	
11	12		14		16		18		20

- CONTORNE 10 BOLINHAS EM CADA QUADRO A SEGUIR. DEPOIS, ESCREVA O NÚMERO QUE INDICA O TOTAL DE BOLINHAS EM CADA UM.

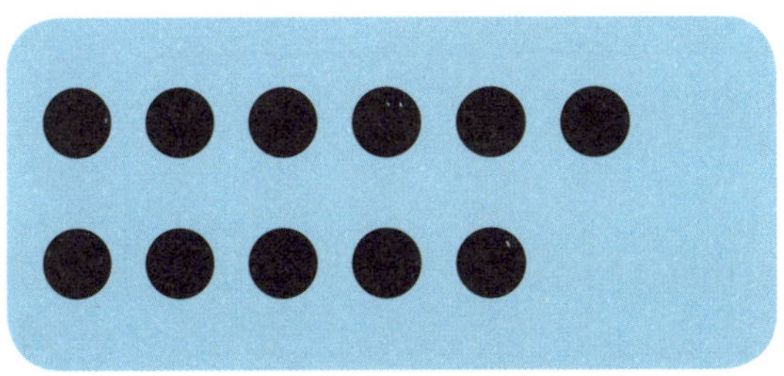

☐ BOLINHAS

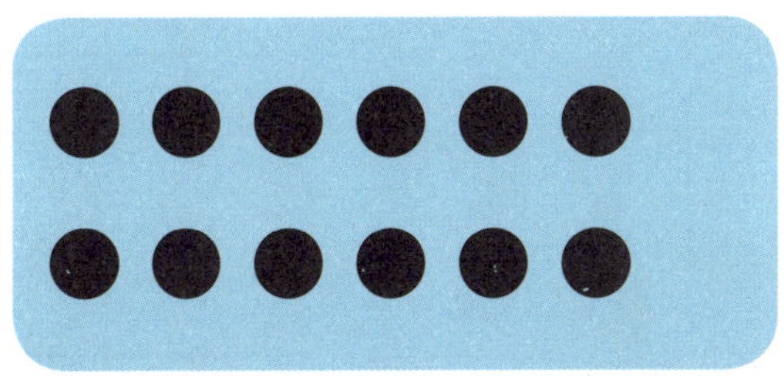

☐ BOLINHAS

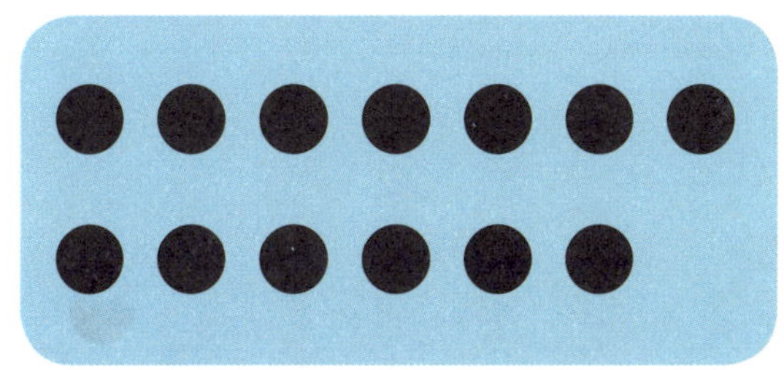

☐ BOLINHAS

CARTELAS COM NÚMEROS

- DESTAQUE AS CARTELAS DA **PÁGINA 23**.
- COLE AS CARTELAS NOS ESPAÇOS A SEGUIR DE ACORDO COM A QUANTIDADE DE PONTOS INDICADA.

MATERIAL DE APOIO

13 PONTOS

15 PONTOS

18 PONTOS

14 PONTOS

19 PONTOS

16 PONTOS

IDA AO CONCERTO

BRUNO FOI COM OS PAIS DELE ASSISTIR À APRESENTAÇÃO DE UMA ORQUESTRA.

Alberto Stefano/Arquivo da editora

CONTE E REGISTRE NAS RESPOSTAS OS NÚMEROS QUE INDICAM AS QUANTIDADES:

- A ORQUESTRA TEM QUANTOS MÚSICOS, INCLUINDO O MAESTRO?
- E QUANTOS HOMENS, INCLUINDO O MAESTRO?
- QUANTAS MULHERES HÁ NESSA ORQUESTRA?

NÚMEROS NO CALENDÁRIO

VOCÊ SABIA QUE NO DIA 20 DE NOVEMBRO, EM ALGUMAS CIDADES DO BRASIL, É COMEMORADO O DIA DA CONSCIÊNCIA NEGRA?

OBSERVE ESTE CALENDÁRIO DO MÊS DE NOVEMBRO.

NOVEMBRO

Alberto Stefano/Arquivo da editora

DOMINGO	SEGUNDA-FEIRA	TERÇA-FEIRA	QUARTA-FEIRA	QUINTA-FEIRA	SEXTA-FEIRA	SÁBADO
				1	2	3
4	5	6	7	8	9	10
11	12	13	14	15	16	17
18	19	20	21	22	23	24
25	26	27	28	29	30	

- CONTORNE NO CALENDÁRIO ACIMA O DIA 20.
- VOCÊ GOSTA DOS DOMINGOS? O QUE VOCÊ COSTUMA FAZER AOS DOMINGOS? CONVERSE COM OS COLEGAS.
- PINTE DA COR QUE PREFERIR OS DOMINGOS NESSE CALENDÁRIO.

MATERIAL DE APOIO

HORA DO JOGO E DA BRINCADEIRA – CONSTRUINDO UMA CASA

MOLDE DE DADO E PEÇAS PARA A ATIVIDADE DA **PÁGINA 13** DO LIVRO.

A CASA DE LIA

FIGURAS PARA A ATIVIDADE DA **PÁGINA 20** DO LIVRO.

Alberto Stefano/
Arquivo da editora

CALÇADOS DE LIA E DE BETO

IMAGENS PARA A ATIVIDADE DA **PÁGINA 30** DO LIVRO.

Ilustrações: Alberto Stefano/Arquivo da editora

BRINQUEDOS DO PARQUINHO DA ESCOLA

FIGURAS PARA A ATIVIDADE DA **PÁGINA 44** DO LIVRO.

Ilustrações: Alberto Stefano/Arquivo da editora

CONSTRUINDO FIGURAS

CARTÕES COM CONTORNOS TRACEJADOS PARA A ATIVIDADE DA **PÁGINA 45** DO LIVRO.

NÚMEROS E LETRAS

CARTÕES COM NÚMEROS E LETRAS PARA A ATIVIDADE DA **PÁGINA 50** DO LIVRO.

4	A	2	I	5
U	1	E	3	0

NÚMEROS 7 A 9: VAMOS CONTAR E COLAR?

CARTÕES PARA A ATIVIDADE DA **PÁGINA 52** DO LIVRO.

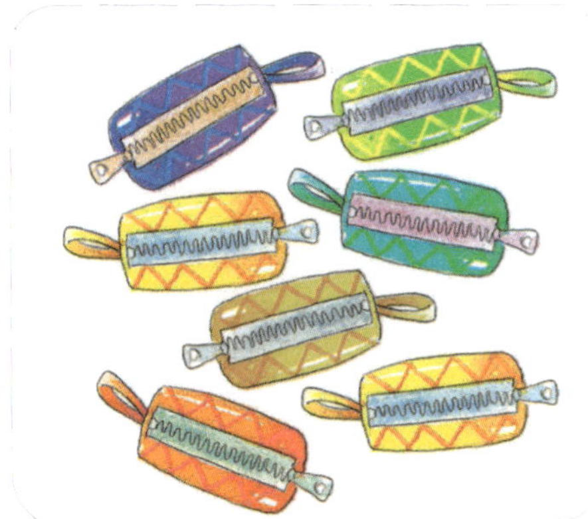

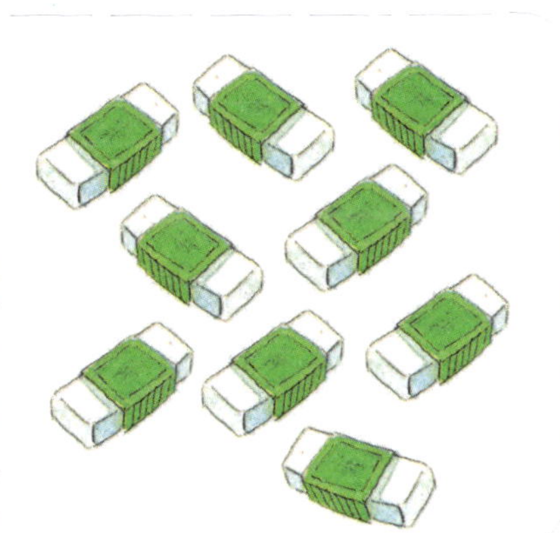

Ilustrações: Alberto Stefano/Arquivo da editora

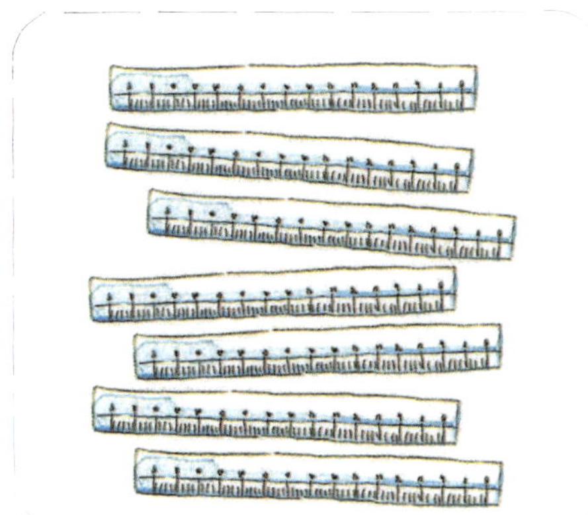

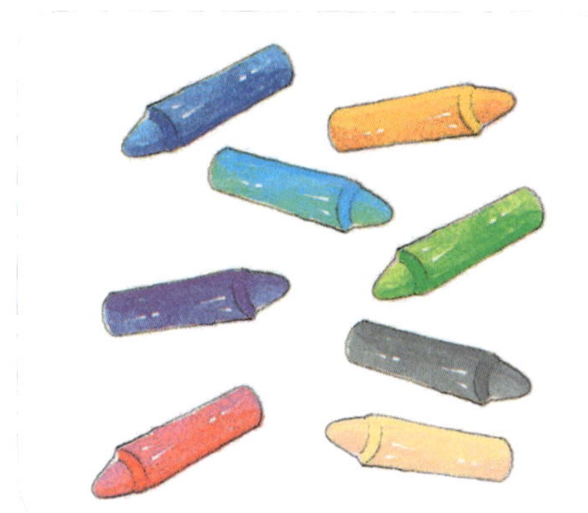

HORA DO JOGO E DA BRINCADEIRA – DOMINÓ

PEÇAS PARA A ATIVIDADE DA **PÁGINA 59** DO LIVRO.

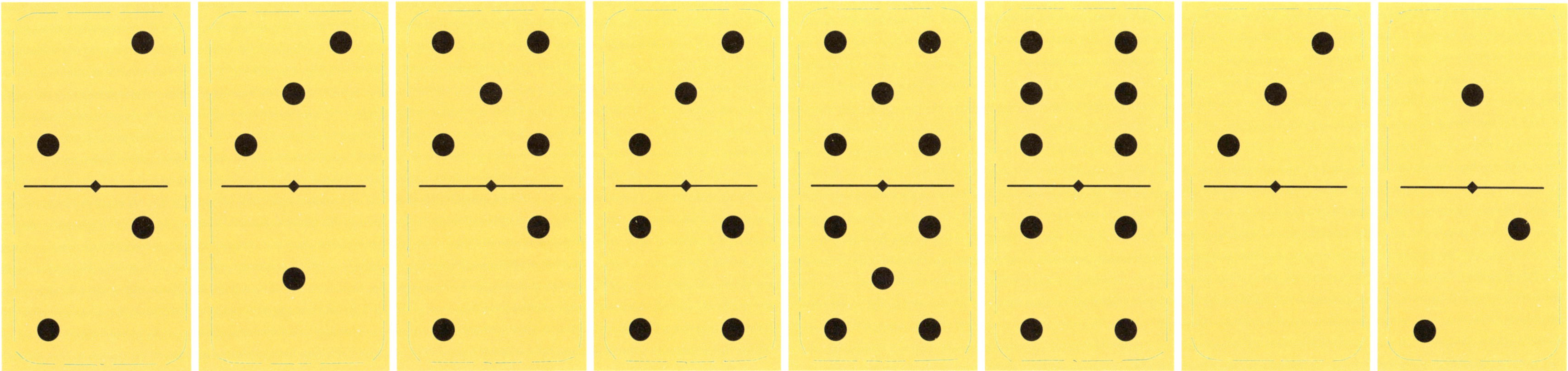

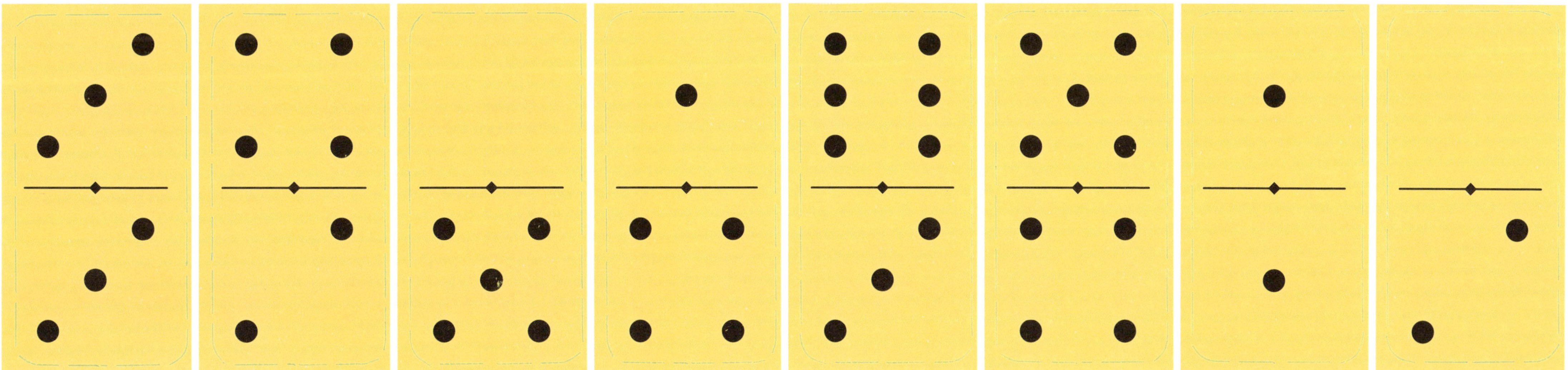

DOMINÓ

DOMINÓ

DOMINÓ

DOMINÓ

DOMINÓ

DOMINÓ

DOMINÓ

DOMINÓ

DOMINÓ

DOMINÓ

DOMINÓ

DOMINÓ

DOMINÓ

DOMINÓ

DOMINÓ

DOMINÓ

VAMOS COLAR?

FICHAS PARA A ATIVIDADE DA **PÁGINA 62** DO LIVRO.

Ilustrações: Alberto Stefano/Arquivo da editora

PESANDO COM UMA BALANÇA DE PRATOS

FIGURAS PARA A ATIVIDADE DA **PÁGINA 70** DO LIVRO.

Fernando Favoretto/Criar Imagens

Gelpi/Shutterstock

Valeriy Lebedev/Shutterstock

Nik Merkulov/Shutterstock

HORA DO JOGO E DA BRINCADEIRA – JOGO DA MEMÓRIA

CARTAS PARA O JOGO DA **PÁGINA 98** DO LIVRO.

Ilustrações: Alberto Stefano/Arquivo da editora

ORGANIZAR É IMPORTANTE

IMAGENS PARA A ATIVIDADE DA **PÁGINA 116** DO LIVRO.

Oez/Shutterstock

Yevgen Glukhov/Shutterstock

Karen Katrjyan/Shutterstock

Mikhail Rulkov/Shutterstock

Sattva78/Shutterstock

Marques/Shutterstock

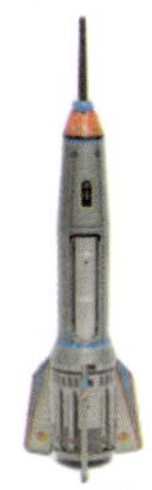
Mega Pixel/Shutterstock

Marcin Wos/Shutterstock

Oleg V. Ivanov/Shutterstock

Denis Kovin/Shutterstock

CARTELAS COM NÚMEROS

CARTELAS PARA A ATIVIDADE DA **PÁGINA 142** DO LIVRO.